KB210772

CNC 가공법

조대희, 안영환, 남동호 공저

동일출판사

머리말

    컴퓨터의 발달은 디지털화된 다양한 지식정보화를 가속시켜 기업환경에 많은 영향을 미치고 있습니다. 컴퓨터는 설계실의 환경에도 영향을 주어, 컴퓨터를 이용하여 제도(Drafting) 또는 설계(Design)를 하는 CAD(Computer Aided Drafting or Computer Aided Drafting Design), 컴퓨터를 이용하여 제조(Manufacturing)하는 CAM(Computer Aided Manufacturing), 그리고 컴퓨터를 이용하여 설계 단계에서의 공학적인 해석을 하는 CAE(Computer Aided Engineering) 등이 도입되어 다양하게 활용되고 있습니다.

    특히 사람의 양 손으로 조작하던 공작기계를 수치제어를 통해 조작하는 NC 공작기계에서 공작기계에 소형 컴퓨터를 내장한 CNC 공작기계는 제조 산업의 기본 생산장비가 되었습니다.

    이에 본 교재에서는 CNC(Computer Numerical Control)을 배우고자 하는 학습자들에게 NC제어의 기본 원리에서 관련 자격증 실기 준비 및 생산현장의 노하우까지 학습 할 수 있도록 구성하였습니다.

    아무쪼록 본 교재가 CNC 가공 방법을 익히고자 하는 모든 분들에게 도움이 되었으면 하는 마음이 간절합니다. 끝으로 좋은 책을 만들기 위하여 노력하시는 동일 출판사 관계자 여러분들에게 깊은 감사를 드립니다.

저 자

차례

2장 CNC 선반

3장 머시닝센터

4장 CNC 공작기계 조작

부 록 V-CNC를 활용한 프로그램 검증

부 록 실습도면

CNC 개요

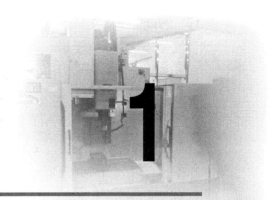

각종 제품을 생산하는 산업현장에서 자동화는 선택이 아닌 필수가 되었다. 공장자동화(FA, Factory automation)의 최소 단위를 구성하는 장비가 CNC선반과 머시닝센터 등의 CNC 공작기계들이다.

이런 CNC공작기계의 기본적인 제어 기술이 수치제어(Numerical Control)가 된다.

1.1.1 수치제어(NC, Numerical Control)란?

수치제어(NC)는 Numerical Control의 약자로 기계 가공에 필요한 모든 정보를 정해진 규칙에 따라 수치화(Code Data)한 프로그램을 작성하고 이를 입력하여 입력한 프로그램에 의해 공작기계가 자동 제어된다.

제품을 NC 공작기계로 가공하면, 가공물의 형상 및 가공 특성에 따라 공구형상, 이송속도, 회전수, 공구의 이동경로 등의 가공 방법을 프로그램화하여 가공하게 되므로 가공 완료된 제품의 품질이 일정하게 되고 실제 가공시간의 단축하게 되므로 대량 생산에 매우 유리하다.

1.1.2 NC 장치의 발달과정

① NC : 공작기계 1대를 NC 1대로 단순 제어한다. NC는 프로그램의 각 블록마다 데이터를 읽고 실행한다.

② CNC : 공작기계 1대를 NC 1대로 복합 제어한다. 컴퓨터의 소형화에 따라 수치제어 (Numerical Control, NC) 공작기계에 소형 컴퓨터가 결합된 CNC로 발전하였다. CNC 는 프로그램의 각 블록마다 데이터를 읽고 메모리에 저장했다가 실행한다.

③ DNC : 여러 대의 공작기계를 컴퓨터 1대로 제어하는 단계로 여러 대의 NC 공작기계를 한 대의 컴퓨터에 결합시켜 제어한다.

④ FMS(Flexible Manufacturing System, 유연생산시스템) : 여러 대의 공작기계를 컴퓨터 1대로 제어하며, 생산관리를 한다.

1.1.3 CNC(Computer Numerical Control)

① 다품종 소량 생산에 유리하다.
② 절삭량이 많은 형상이 복잡한 부품 가공에 유리하다.
③ 가공시간이 짧아 생산성에 좋다.
④ 프로그램과 설정이 완료되면 비숙련공의 작업이 가능하다.
⑤ 공차 범위가 좁아 정밀을 요구하는 부품에도 유리하다.
⑥ 가공 완료된 제품의 품질이 일정하게 유지된다.
⑦ 자동 공구 교환장치(ATC), 자동 펠릿 교환 장치(APC) 부착으로 실제 가동률이 증가한다.
⑧ 설계의 변경, 생산 계획 조정, 긴급 주문에 신속하고 유연하게 대처하므로 생산의 유연성(Flexibility) 가능하다.
⑨ 프로그램으로 제어되기 때문에 치공구 제작 비용 감소한다.
⑩ 생산 리드 타임의 단축과 생상의 유연성 때문에 재고가 감소한다.
⑪ 기계 가격이 비싸므로 초기 투자 비용 많다.
⑫ 관리 비용이 증가 한다.
⑬ 프로그래머, 작업자, 관리자의 비용이 증가한다.

1.1.4 DNC(Direct Numerical Control, Distribute Numerical Control)

CNC공작기계에 내장된 소형 컴퓨터는 저장능력, 연산능력 등에 한계가 있다. 그래서 작업성, 생산성을 개선을 위하여 독립된 컴퓨터에 많은 양의 자료를 저장하고 CNC공작기계가 처리할 수 있는 양으로 나누어 전송하여 CNC공작기계를 제어하게 된다.

DNC의 "D"가 Direct일 경우에는 CNC공작기계를 컴퓨터로 직접 제어하는 방식을 의미한고 DNC의 "D"가 Distribute일 경우에는 여러 대의 CNC공작기계를 한 대의 컴퓨터가 작업의 분배를 의미한다.

1.1.5 유연생산시스템(FMS, Flexible Manufacturing System)

FMS란 다품종 소량생산의 제조환경에서 효율성을 갖추기 위해 CNC공작기계와 핸들링 로봇(Robot), APC(Automatic pallet changer), ATC(Automatic tool changer), 무인 운반차(AGV: Automated guided vehicle), 제품을 셀과 셀에 자동으로 이송 및 공급하는 장치, 자동화된 창고 등을 갖춘 자동화 제조시스템으로써 다품종의 제품을 동시에 경제적으로 생산하고 생산품의 설계 변경 및 제품의 수요 변화에 효과적으로 제조환경에 적용할 수 있다.

1.1.6 수치제어(NC) 시스템의 경제성

(1) 장 점
① 반복적인 정밀작업으로 시간 단축으로 생산효율이 증가한다.
② 공구의 수명이 길어진다. 초기에 정해놓은 절삭속도와 깊이가 그대로 유지되기 때문이다.
③ NC 기계를 사용함으로써 재료의 낭비가 감소된다.
④ 한 대의 NC 기계가 재래식 여러 대의 기계를 대신함으로써 차지하는 공간을 감소시킨다.
⑤ 복잡한 부품에 대한 공구비, 창고비, 설치비 등이 줄어든다.
⑥ 3차원 작업 또는 2차원 윤곽작업을 정밀도 있게 할 수 있다.

(2) 단 점
① 장비의 초기 투자액이 많이 든다.
② 제품 생산의 준비시간이 길다.

1.1.7 머시닝센터란

NC밀링은 범용 수동밀링에 컴퓨터가 제어하는 서보 모터에 의해 제어 되도록 한 것이라면 머시닝센터는 NC밀링에 자동공구교환장치(ATC : Automatic Tool Changer)를 부착한 것이라고 할 수 있다.

① 공구 교환 장치(ATC : Automatic Tool Changer) : ATC(Automatic Tool Changer)는 주축에 고정되어 있는 공구를 다음 가공에 사용될 공구로 매거진에서 선택하여 교환하여 주는 장치이다. 종류에는 시퀀스 방식과 랜덤 방식이 있다.

② 공작물 교환 장치(APC : Automatic Pallet Changer) : 기계가 멈춰 있는 시간 중에 가장 많이 차지하는 시간이 작업물을 싣고 내리는 시간일 것이다. 자동 공작물(테이블/팰릿) 교환 장치는 기계의 작업중에 테이블 옆의 다른 팰릿에 작업물을 고정하고 작업이 끝나면 바로 팰릿을 교환하여 기계가 멈춰있는 시간을 최소로 하는 기계이다. 팰릿 교환 시간은 몇 초면 가능하므로 리드 타임을 줄일 수 있어 생산성 향상에 도움을 준다.

1.1.8 머시닝 센터의 장점

① 소형부품은 1회에 여러 개 고정하여 연속 작업이 가능하다.
② 가공물의 한 번 고정으로 면 가공, 드릴링, 태핑, 보링 등이 가능하다.
③ 형상이 복잡하고 많은 공정이 함축된 제품일수록 가공 효과가 우수하다.
④ 공구를 자동 교환함으로써 리드 타임을 줄일 수 있다.
⑤ 원호 가공 등의 기능으로 엔드밀을 사용하여도 치수별 보링 작업을 할 수 있어 특수 공구의 제작이 불필요하다.
⑥ 컴퓨터를 내장한 NC이므로 메모리(Memory) 작업을 할 수 있다.
⑦ 프로그램의 작성 및 편집을 기계에서 직접 할 수 있다.
⑧ 주축 회전수의 제어 범위가 크고 무단 변속이므로 요구 회전수에 빠르게 도달할 수 있다.

1.2 수치제어 시스템(NC System)

수치제어 시스템의 구성은 크게 하드웨어(Hardware)와 소프트웨어(Software)이다. 하드웨어 부분은 공작기계 본체와 제어장치, 주변장치 등을 말하며, 소프트웨어 부분은 일반적으로 프로그래밍 기술과 자동프로그래밍의 컴퓨터 시스템을 말한다. 즉, 부품의 가공도면을 NC 장치로 가공이 가능하도록 기계언어로 변환시키는 과정을 말한다.

1.2.1 NC 시스템의 구성

(1) 부품도면(Part Drawing)

설계된 완성도면을 기계가공하기 위해 해당되는 가공공정에 알맞도록 작성한 도면을 말하며, 형상, 치수, 가공기호 등의 정보에 유의해야 한다.

(2) 가공계획(Machining plan)

부품도면을 판독하여 NC 가공을 위한 가공계획을 세운다.

(3) 파트 프로그래밍(Part-Programing)

주어진 부품의 가공을 하기 위하여 NC 공작기계의 작업을 계획, 즉 도형 정의에 의한 가공조건(공구크기, 절삭속도, 회전수) 및 공구동작(공구의 출발점, 공구의 이동방향, 절입량, 공구의 패스(path)) 등을 실현하기 위한 프로그램을 말한다.

(4) 저장장치

초창기에는 천공테이프을 이용하여 NC프로그램을 저장했으나 요즘엔 디스켓, USB메모리스틱, SD메모리카드 등에 입력 수동프로그램 또는 CAM을 이용한 자동프로그램에서 작성된 NC 데이터를 저장한다. 사용되며, 또한 NC 데이터를 기계에 직접 저장하고 저장된 데이터를 불러들여 CNC공작기계에서 Open하여 사용한다.

(5) 컨트롤러(Controller)

한국산전, 센트롤, 화낙 등으로 NC프로그램으로 작성된 정보를 펄스화시켜 서보 기구에 전달하여 여러 가지 제어를 한다.

(6) 볼 스크루(Ball-screw)

서보모터의 회전운동을 테이블의 직선 왕복운동으로 바꿀 때 사용된다. CNC 공작기계에서는 정밀도를 높이고, 마찰계수를 줄이기 위하여 수나사와 암나사를 볼나사와 비슷한 나선 홈을 가공하고 그 사이에서 볼베어링처럼 강구를 삽입하여 만든다. 볼 스크루는 마찰이 적고 또 너트를 조정함으로써 백래쉬를 거의 0에 가깝게 할 수 있다.

(7) 리졸버(Resolver)

NC 기계의 움직임을 전기적인 신호로 표시하는 회전 피드백(feed back) 장치이다.

1.2.2 서보기구(Servo Motor)

서보기구는 NC 프로그램에 의해 공작기계에 설치된 공작물이나 절삭공구를 정해진 위치로 움직이게 하는 위치제어와 움직이는 속도를 조절하는 속도제어를 통해 CNC공작기계를 가동하는 역할을 한다.

서보기구는 NC의 속도·정도·안정성·신뢰성·가격 등에 직접적인 영향을 주게 된다. 이런 서보기구의 종류에는 개방회로방식(Open loop system), 폐쇄회로방식(Close loop system), 반폐쇄회로(Semi-close loop system), 복합 서보(hybrid-servo) 방식이 있다.

(1) 개방회로(Open-loop) 방식

구동 모터로 1펄스에 대해 모터축이 정해진 각도만큼 회전하는 스태핑 모터를 사용한다. 정보처리회로에서 발생한 펄스(pulse) 신호를 지령 펄스라고 하며, 이 지령 펄스를 스태핑 모터에 입력하면 모터는 일정한 각도로 회전하게 된다. 예로 1.8°/step인 스태핑 모터의 경우 하나의 펄스가 주어지면 모터는 1.8° 회전하므로, 모터가 1(360°) 회전하려면 $\frac{360°}{1.8°}=200$펄스가 필요하다. 또한 스태핑 모터의 회전은 볼스크류에 전달하며 테이블의 이동하게 된다. 스태핑 모터가 1 회전하면 볼스크류의 1 피치 만큼의 테이블이 이동하게 된다.

하지만 정보처리회로에서 발생한 펄스 신호와 신호의 결과에 대한 정보가 없고 Feed-back이 없어, 시스템의 정밀도는 스태핑 모터와 볼스크류의 성능에 좌우되므로 정밀도가 낮아 요즈음 NC에서는 거의 사용하지 않는다.

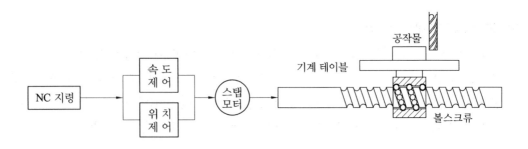

(2) 반폐쇄회로(Semi-close loop) 방식

지령한 펄스만큼 구동 모터가 회전하는지를 확인하고 피드백하는 방식이다.

서보 모터에 회전 각도를 측정하는 검출기를 부착하고, NC에 의한 펄스를 위상 또는 전압(아날로그 신호)으로 변환하기 위한 D·A(Digital to Analog) 변환회로를 설치하여 지령값을 확인하여 비교회로에서 지령값과 검출값을 비교하고, 비교회로에서 나오는 신호에 비례한 속도를 직류 모터를 회전시켜 이 신호가 0(제로)으로 될 때 모터를 멈추기 위한 서보드라이브 회로를 설치한다.

고정도의 볼스크류 등을 사용하여 일반적인 CNC공작기계에 가장 널리 사용된다.

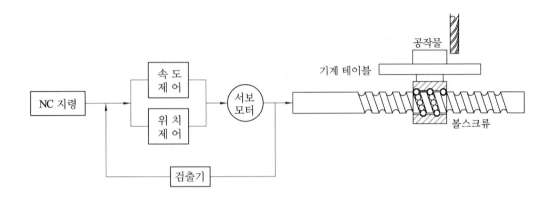

(3) 폐쇄회로(closed loop) 방식

지령한 펄스만큼 테이블이 이동하는지를 확인하고 피드백하는 방식이다.

공작물이 중량물이거나, 절삭저항이 크게 발생하여 볼스크류의 휨이나 슬립이 발생하면 테이블은 이송량에 오차가 발생하므로 테이블에 직선형 스케일 설치하여 위치와 속도를 목표 값과 비교하여 위치 편차 또는 속도 편차를 피드백하여 보정한다. 정밀도가 높아 고정밀도의 공작기계나 대형공작기계 등에 쓰이는 것이 특징이다.

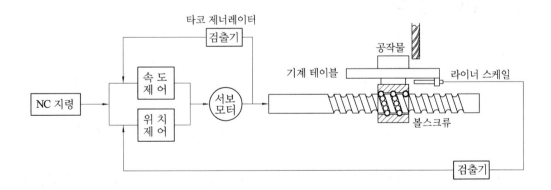

(4) 복합 서보(hybrid − servo) 방식

볼 나사의 피치 오차와 백래쉬에서 발생하는 오차의 피드백 보정방식은 반 폐쇄회로 방식과 폐쇄회로 방식을 혼합한 방식으로 반폐쇄회로 방식으로 움직인 결과 오차가 있으면 그 오차를 폐쇄회로 방식으로 검출하여 보정을 행하는 방식으로 정밀도를 향상과 대형 공작기계와 같이 강성을 충분히 높일 수 없는 기계에 적합하다.

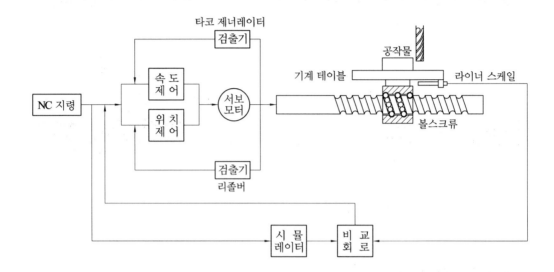

1.3 절삭가공

1.3.1 절삭 가공 개요

절삭 가공(machining)은 공작물보다 경도가 높은 공구로 소재의 일부를 전단 변형시켜 제거함으로써 소정의 형상으로 만들어 주는 기계 가공으로 소재보다 경도가 높은 공구(tool)로 칩을 내는 작업이다. 으로 절삭가공은 치수 정밀도와 표면 거칠기 등을 광범위하게 조정할 수 있으나 칩 생성, 배출 과정에 공구와 소재에 절삭력 및 절삭저항이 발생하게 된다.

절삭 가공시 절삭공구와 공작물 사이에 발생하는 절삭력은 절삭공구의 형상, 공작물의 재질, 절삭폭, 절삭 깊이, 이송속도, 회전수, 절삭유 등에 따라 달라진다. 그러므로 적절한 절삭 조건을 설정하는 것은 매우 중요하다.

또한 절삭 가공시 공작물의 외면은 절삭력과 절삭저항 등으로 소성 변형이 발생하고 결정구조나 조직 변화가 발생하는 층을 가공 변질층이라 한다. 가공변질층에서는 가공 경화로 인한 경도의 상승과 잔류응력이 발생하여 절삭 가고에 영향을 미치게 된다.

변질층 두께는 절삭 깊이와 이송, 절삭 속도, 절삭각, 절삭 온도, 절삭 저항 등 다양한 원인으로 달라진다.

1.3.2 CNC선반의 절삭 조건

공작물이 회전하고 절삭 공구가 직선 운동을 한다.

(1) 절삭속도(V)

절삭 속도는 공작물과 절삭공구 사이의 상대 속도이다.

$$V = \frac{\pi DN}{1000}$$

V : 절삭 속도[m/min]
D : 가공물의 지름[mm]
N : 회전수[rpm, rev/min]

(2) 이송 속도(F)

절삭 중 공구와 공작물간의 횡방향의 상대 운동의 크기이다.

$$F = f \cdot N$$

f : 작업물 1회전당 공구 이송량[mm/rev]
N : 회전수[rpm, rev/min]

1.3.3 머시닝센터의 절삭 조건

밀링 가공은 절삭 공구가 회전을 하고 공작물이 직선 운동을 한다. 절삭 깊이(depth of cut)는 공작물의 표면에서 가공되는 면과의 거리를 말하며, 공구의 절삭 깊이라고 한다.

(1) 주축 회전수(N)

주축 회전수는 1분 동안에 몇 회전을 하는가를 나타낸다.

$$주축 회전수 \; N = \frac{1000\,V}{\pi D}$$

V : 절삭 속도[m/min]

D : 가공물의 지름[mm]

(2) 테이블 이송 속도(F)

$$F = f_z \cdot z \cdot n$$

f_z : 절삭날 한날당 이송량[mm/날]

z : 절삭공구(엔드밀)의 절삭날 수[날]

n : 절삭공구(엔드밀)의 회전수[rpm, rev/min]

(3) 절삭 단면적(A)

절삭될 부분의 단면적을 말하며, 칩의 단면적을 말하기도 한다.

$$A = s \cdot t$$

s : 이송 속도[mm/rev, mm/min]

t : 절삭 깊이[mm]

(4) 소재제거율(MRR, Material Removal Rate)

절삭 가공의 효율을 비교함에 있어서 단위 시간 동안의 소재제거율이라 한다.

$$MRR = b \cdot t \cdot v$$

b : 절삭 폭[mm]

t : 절삭 두께[mm]

v : 절삭 속도[mm/min]

(5) 절삭 시간(T)

$$T = \frac{L}{F} \times 60$$

L : 가공 길이[mm]

F : 절삭 공구의 이송 속도[mm/min]

(6) 단위 시간에 절삭되는 칩(Chip) 체적(Q)

$$Q = b \times t \times f$$

b : 절삭폭[mm] t : 절입길이[mm]

f : 1회전당 이송[mm/rev]

1.3.4 절삭 방법

밀링가공에서 공구의 회전과 공작물의 진행 방향의 상대 운동에 따라 절삭 환경이 달라진다. 절삭공구의 회전 방향과 공작물의 이송 방향이 반대가 되면 상향 절삭으로 동일한 방향이면 하향 절삭이고 수직 밀링머신에서는 절삭공구인 엔드밀이 공작물의 중앙에 홈 가공을 하면 상·하동시 절삭도 발생한다.

(1) 상향 절삭

절삭공구의 회전 방향과 공작물의 이송 방향이 반대이며, 절삭공구와 공작물과의 절삭이 시작하는 부분에서 미끄럼 현상으로 마찰이 크게 작용하게 되어 고온으로 인한 마모로 공구의 수명이 짧아지고, 가공면이 깨끗하지 못하고 표면 거칠기가 저하되며, 백래쉬가 자동 제거되며, 절삭저항이 크고 테이블에 공작물을 견고하게 고정해야 한다.

(2) 하향 절삭

공구의 회전 방향과 이송 방향이 동일한 가공으로 안내나사에 백래쉬가 있으면 절삭이 시작 할때 공구가 파손될 수 있으므로 백래쉬 제거 장치가 있어야 한다. 공구의 수명이 길어지고 가공면이 깨끗하게 된다.

(3) 상하 동시 절삭

수직 밀링 밀링머신 또는 수직 머시닝센터에서는 절삭공구가 공작물의 중앙을 지나가는 홈 가공에서는 상향가공과 하향가공이 동시에 발생하게 되며, 진동이 발생하기도 한다. 상하 동시 절삭에서는 절삭속도를 낮추고 절삭유를 공급하면서 가공한다.

1.3.5 절삭공구

절삭과정에서 절삭 공구와 공작물의 상대운동을 하게 되며 이 과정에서 열이 발생한다. 절삭 과정에서 발생하는 열은 공작물의 소성 변형으로 70[%] 정도 발생하고 절삭 공구와 공작물의 마찰에 의하여 30[%] 정도 발생한다.

(1) 공구 마모와 공구 수명

절삭 공구는 고온에서 경도가 감소하므로 공구의 마모가 증가하게 된다. 공구에 마모가 발생하면 가공 치수에 오차가 생기고, 가공면의 표면 조도가 나빠지며, 공작물과의 접촉면이 넓어지며, 절삭날이 파손이 발생과 절삭력이 증가 된다.

일반적으로 공구의 수명은 공작물의 다듬질 치수가 일정 범위 이상 변했을 경우, 절삭 공구의 날끝의 마멸이 일정량을 벗어났을 경우, 공작물의 가공 표면에 광택 있는 무늬가 생길 경우, 절삭시 절삭 저항이 급격하게 증가하는 경우에 절삭공구의 수명이 다 되었다고 판정한다.

(2) 절삭 공구의 재질

절삭 공구는 공작물을 소성 변형 시키고 칩의 발생으로 제거하므로 공작물 보다 경도가 높고 강인성이 필요하다. 또한 절삭 공구는 공작물의 접촉시 발생하는 충격에 견디는 내충격성, 파손 강도가 높아야 한다.

1.3.6 절삭공구 종류

(1) 고속도강

주로 일반 절삭에 사용되는 W, Cr, V, Mn 등의 합금강으로 합금 성분의 탄화물의 석출 경화로 고온 경도가 600[℃]까지 유지된다.

(2) 초경 합금

경도가 높은 WC, TaC, TiC 등의 탄화물 분말과 결합제 역할을 하는 Co 분말을 첨가하여 압축 성형하고 1400~1500[℃]정도의 고온고압으로 소결하는 분말 야금법으로 제조한 함금으로 고온 경도가 800[℃]까지 유지된다.

(3) 피복 초경 합금

초경합금 표면에 TiC, TiN, Al_2O_3 등의 내마멸성 피막(5~7[μ])을 화학 증착법(CVD) 또는 물리 증착법(PDV)으로 코팅한 것으로 코티드 공구라고도 한다. 거친 단속 절삭이나 정밀도가 높은 다듬질 절삭에는 적합하지 않으나, 코팅 전 재료보다 수명이 길어지고 고속, 고이송 절삭이 가능하며 절삭 범위가 넓고 공작물과의 친화력과 마찰력을 줄일 수 있다.

(4) 서멧(ceramic)

서멧(ceramic)은 세라믹과 메탈의 합성어로 금속조직에 세라믹 입자를 함유한 복합재료로 절삭공구 이외에 다이(die)와 같은 내충격, 내마멸용 공구재료로 사용한다.

(5) 세라믹(Cermet)

일종의 도기에 Al_2O_3 분말과 소량의 금속 또는 비금속 분말을 첨가한 산화물계 파인

세라믹스를 절삭공구로 사용하면, 초경합금 공구보다 고온경도가 높고, 내열성이 우수하고 철과의 친화력이 없어 구성인선이 나타나지 않으나, 열전도도가 낮고 내충격성이 작아 거친 가공 보다는 진동이 없는 고속 절삭에 적합하다.

(6) CBN(Cubic Boron Nitride)

입방정 질화 붕소(Cubic Boron Nitride)의 분말을 금속 또는 세라믹스 결합제를 사용하여 초고압, 초고온에서 인공적으로 합성한 재료로 다이아몬드 다음으로 경도가 높다. 일반적으로 $1000[℃]$ 이하에서는 초경합금 공구보다 경도가 매우 크고 철계의 공작물과는 반응하지 않으므로 초경합금이나 다이아몬드 공구로 절삭이 어려운 담금질강, 칠드 주철, 내열합금의 절삭에 적합하다.

(7) 다이아몬드

경도가 크고 열에 강하면 고속 절삭용으로 적당하고 수명이 길고 구성 인선이 생기지 않아 표면 조도가 좋다. 그러나 가격이 비싸고 날 끝이 손상되기 쉽다.

1.3.7 절삭유

절삭 가공시 발생하는 열은 절삭공구의 경도를 저하와 가공면에 좋지 않은 영향을 주게 되므로 절삭유를 사용한다. 절삭유는 절삭 공구인선과 가공물 냉각시키는 냉각작용 이외에도 절삭공구와 칩과의 마찰을 줄이는 윤활작용, 절삭공구 또는 공작물에 쌓이는 칩의 제거하는 세척작용, 공작물의 부식을 방지하는 방청 작용을 하게 된다.

절삭유를 사용하면 공구날의 경도 저하 방지, 공구 수명 연장하고 공작물의 열팽창에 의한 정밀도 저하를 방지하며, 마찰 감소, 가공면이 매끈하게 된다.

(1) 수용성 절삭유

냉각작용이 우수한 물에 알카리성 방부제를 첨가하여 사용한다.

① 에멀존 : 광물유에 비눗물을 섞어 만든 유화유로 물에 50배 정도 희석하여 사용하며, 뿌연색을 띄게 된다.

② 솔류블 : 에멀존 보다 광물유가 적고 유화제를 많이 첨가한 것으로 물에 희석하면 반 투명하며 연삭가공에 주로 사용한다.

③ 솔루션 : 무기염류를 주성분으로 방청성이 우수하다.

(2) 불수용성 절삭유

① 광물유 : 경유, 머신유, 스핀들유 등의 광물성 절삭유로 윤활성은 좋으나 냉각성이

좋지 않아 경절삭에 사용한다.

② 동식물유 : 올리브유, 피마자유, 들기름, 라드유, 돈유 등의 동식물성 절삭유로 윤활성은 좋으나 고온에서 유성이 저하되므로 저속 중절삭에 사용한다.

③ 혼합유 : 광물유와 동식물유를 사용용도에 따라 혼합한 절삭유이다.

④ 황화유 : 활성을 갖는 황을 함유한 절삭유로 고속 절삭에 사용한다.

⑤ 극압유 : 중절삭 이상에서도 윤활작용을 유지하도록 극압 첨가제인 황, 염소, 인을 첨가한 절삭유로 구성인성을 방지하며 정밀도가 높은 가공에 사용한다.

(3) 일반적인 절삭유 적용 예

① 탄소강 가공 : 절삭공구가 고속도강이면 불활성 극압형의 불수용성 유제, 초경 공구이면 솔루블형 수용성유제

② 스테인리스강 가공 : 절삭공구가 고속도강이면 활성의 불 수용성, 초경 공구이면 활성의 불 수용성(건식 절삭 가능)

③ 주철 가공 : 활성 극압형의 불수용성 유제

④ 알루미늄 가공 : 활성 극압형의 불수용성 유제(건식 절삭 가능)

⑤ 동 합금 가공 : 활성 유황계 첨가한 불활성 극압형의 불수용성 유제(건식 절삭가능)

1.4   CNC 프로그래밍

설계자와 가공자가 이해하도록 작성된 도면을 CNC 공작기계를 조작하기 위하여 일정한 규칙에 따라 순차적으로 나열 해 놓은 NC 언어(G00, G01, G40, M03, T01 등)를 이용하여 표현방식을 바꾸어 주는 과정을 말한다.

[프로그램 과정]

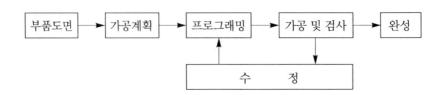

1.4.1 좌표계 종류

(1) 기계 좌표계(Machine)

① 기계의 원점을 기준으로 정한 좌표계

② 기계좌표의 설정은 전원 투입 후 원점복귀 완료시 설정된다.

③ 기계에 고정되어 있는 좌표계 – 금지영역 등의 설정기준 – X0, Z0

④ 공구의 현재 위치와 기계원점과의 거리를 알려고 할 때 사용

(2) 절대(공작물)좌표계(Absolute)

① 가공 프로그램을 쉽게 작성하기 위하여 공작물 중심의 임의의 점을 원점으로 정한 좌표계이다.

② 좌표어 X, Z로 표시한다.

③ G54을 이용해서 각 공작물마다 설정한다.

④ 소재의 좌측 또는 우측 끝단에 설정(X0, Z0)한다.

(3) 상대(증분)좌표계(Relative)

① 일시적으로 좌표를 0(Zero)으로 설정할 때 사용한다.

② 좌표어 U, W로 표시한다.

③ 공구세팅, 간단한 핸들 이동, 좌표계 설정 등에 사용한다.

(4) 좌표계 특징

① 기계 좌표계를 사용한 방법은 공작물의 원점과 기계의 원점까지의 거리를 먼저 알아야 프로그램을 작성할 수 있다.

② 절대(공작물)좌표계를 사용한 방법은 공작물의 임의의 원점(공작물 원점)을 기준으로 프로그램을 작성하기 때문에 도면의 치수를 보면서 프로그램을 쉽게 작성할 수 있다.

③ 기본적으로 기계 좌표계를 이용한 프로그램은 사용하지 않는다.

1.4.2 절대 지령과 상대 지령

(1) 절대지령(G90) : 이동 종점의 위치를 절대(공작물)좌표계의 위치로 지령하는 방식

(2) 증분(상대)지령(G91) : 이동 시작점에서 종점까지의 이동량으로 지령하는 방식이다.

| 절대지령, 상대지령 비교 |

구 분	지령 프로그램 비교	비 고
절대지령	G90 G00 X100. Y100. Z100. ;	
증분지령	G91 G00 X100. Y100. Z100. ;	상대지령

(3) A지점에서 B지점으로 이동하는 프로그램의 절대좌표, 상대 좌표 비교

① 절대지령

- G00 X200. Y100. ;
  → 원점에서 A점까지 이동
- G00 X100. Y150. ;
  → A점에서 B점까지 이동

② 상대지령

- G00 X200. Y100. ;
  → 원점에서 A점까지 이동
- G00 X-100. Y50. ;
  → A점에서 B점까지 이동

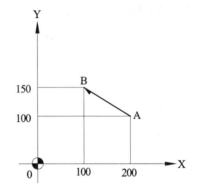

1.5 프로그래밍의 구성

1.5.1 어드레스(Address, 주소)

주소는 영문자 (A~Z)중 1개로 표시하며, 단어(Word)의 처음에 위치하고, 각각의 주소는 특정한 기능을 갖고 있다.

| 주소(Address)의 기능 일람표 |

기 능	어드레스	의 미	지령범위
프로그램 번호	O	프로그램 번호	0001~9999
전개번호	N	전개번호(Sequence Number)	1~9999
준비기능	G	이동형태(직선, 원호보간 등)	0~99

기 능	어드레스	의 미	지령범위
좌 표 어	X, Y, Z	각 축의 이동위치 (절대)	±0.001~ 99999.999
	U, V, W	각 축의 이동위치 (증분, CNC선반)	
	I, J, K	원호중심의 각 축성분, 면취량	
	R	원호반경, 구석 R, 모서리 R	
이송기능	F	분당 이송속도 [mm/min]	1~100000
보조기능	M	기계작동의 ON/OFF 제어 기능	0~99
주축기능	S	주축회전수[rpm]	0~9999
공구기능	T	공구번호 및 공구보정번호	0~99
보정번호	H, D	공구길이 및 반경 보정번호	0~200
휴지기능	P, X	휴지시간 (Dwell)	0~99999.999 Sec
반복기능	P, K	보조 프로그램 반복횟수	1~9999

1.5.2 워드(Word, 단어)

블록을 구성하는 가장 작은 단위로 단어(Word)는 주소 (Address)와 수치 데이터로 구성되었으며, 수치 데이터는 "+", "-"의 기호를 표시하나 일반적으로 "+"는 생략 가능하다.

단어(word) = 주소(address) + 수치(data)

1.5.3 데이타 (Data, 수치)

수치는 주소의 기능에 따라 2자리와 4자리로 구성 된다.

좌표값을 입력할 때에는 반드시 소수점을 입력한다. 좌표의 입력 형식이 "00000.000"의 8자리로 되어 소수점이 입력하지 않으면, 마지막 자리부터 인식 되어 1/1000으로 인식하게 된다. 그러나 주소가 S, P, O, M, T, N, G에서는 소수점을 입력하면 안된다.

| 좌표값 인식의 예 +

G01 X10	X축으로 0.001[mm] 이동
G01 X10.0	X축으로 10[mm] 이동
G01 X100	X축으로 0.01[mm] 이동
G01 X100.	X축으로 100[mm] 이동(소수점 이하 "0"은 입력 안해도 된다.)
S1500. ;	알람(alram) 발생 (소수점 입력 Error)

1.5.4 블록(Block, 지령절)

프로그램은 여러개의 지령절(Block)로 구성되며, 지령절 마지막은 EOB (End Of Block)이 입력하며, " ; "으로 입력한다.

① 한 Block에서의 Word의 개수는 제한이 없다.

② 한 Block내에서 같은 내용의 Word를 2개 이상 지령하면 앞에 지령된 Word는 무시되고 뒤에 지령된 Word가 실행된다.

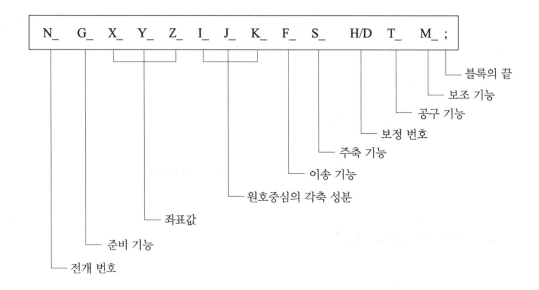

주 소	기 능	의 미
O	프로그램 번호	프로그램 번호
N	전개번호	실행 순서(블록 순서)
G	준비기능	공구의 이동 형태(직선, 원호 등)

주　소	기　능	의　미
X, Y, Z	좌 표 어	각 축의 이동 (절대좌표)
U, V, W		각 축의 이동 (상대좌표)
I, J, K		원호 중심의 위치, 모따기 량
R		원호의 반지름, 코너 R
F	이송기능	이송속도 지정
S	주축기능	주축 회전수 지정
T	공구기능	공구 번호 지정
M	보조기능	보조장치(절삭유 등) 제어
P, U, X	정　지	정지시간(휴지) 지정
P	보조프로그램 호출	호출할 보조 프로그램 번호 등

1.5.5 프로그램 번호 (Program Number)

CNC 메모리에 저장되어 있는 여러 개의 프로그램을 식별 가능하도록 알파벳 대문자 'O'
다음에 4자리의 아라비아 숫자 번호로 입력한다.

> O1234;　　　　　　　　프로그램 번호 1234

참고로 전개번호는 4자리로 N0001, N00002, N0003 처럼 1씩 증가하지 않고 N0010,
N00020, N0030 처럼 10 또는 100 씩 증가한다. 만약 전개번호가 1씩 증가한 몇 백 개의
Block이 사용된 NC 프로그램을 수정을 위해 Block을 추가하게 된다면 나머지 Block의 전
개번호도 수정해야 한다. 하지만 전개번호가 10씩 증가 했다면, N0011 또는 N0021로 추가
하면 간단해진다. 또 전개번호의 앞 두 자리는 거래회사 식별번호, 뒤 두 자리는 부품식별
번호로 사용하기도 한다.

1.5.6 전개번호 (Sequence Number)

지령절(Block) 첫머리에 지령절의 탐색을 위해 전개번호 N 다음에 4단 이내의 수치로 전
개번호(Sequence number)를 부여한다. 전개번호는 중요한 지령절(G70~G73 복합 반복
G17 : XY사이클 기능 사용시)에만 부여하고 경우에 따라 생략할 수도 있다.

```
N0001 …              전개 번호 0001
N0002 …              전개 번호 0002
```

1.5.7 주 프로그램과 보조 프로그램

프로그램은 주프로그램(Main program)과 보조프로그램(Sub program)으로 구성되어 있다. 보통 NC는 주프로그램에 의해 작동되다가, 보조프로그램을 호출하여 보조프로그램을 수행하고 다시 주프로그램 작업이 진행된다.

일반적으로 가공할 형태가 반복되어 동일 프로그램이 반복 될 경우 반복되는 가공부분을 하나의 보조 프로그램으로 작성하여 호출하여 반복 가공하여 프로그램을 간단한다.

반복되는 부분의 가공 프로그램을 "O___"부터 "M99"까지를 작성하는데, 이 부분을 보조 프로그램이라 한다.

(1) 보조 프로그램의 호출 방법

```
M98    P__   Q__   L__ ;
```

① M98 : 보조프로그램 호출

② P__ : 보조프로그램의 파일번호

③ Q__ : 보조프로그램의 시작블록 번호로 생략하면 보조프로그램의 처음 블록부터 실행

④ L__ : 보조프로그램의 반복실행 횟수로 생략하면 1회만 실행

(2) 보조 프로그램에서 주프로그램으로 복귀 방법

```
M99;
```

① M99 : 주 프로그램 복귀

(3) 주 프로그램과 보조 프로그램 사용 예

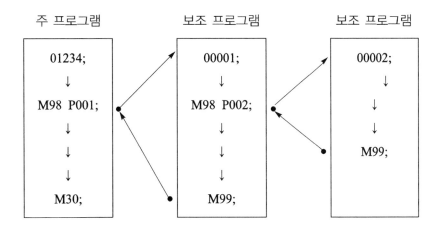

① 주 프로그램의 마지막에는 M30으로 마무리 한다.

② 보조 프로그램의 마지막에는 M99(주 프로그램 복귀)으로 마무리 하며, 만약 보조 프로그램에 M99가 없으면 Alarm 이 발생한다.

좌표계 연습 – 1

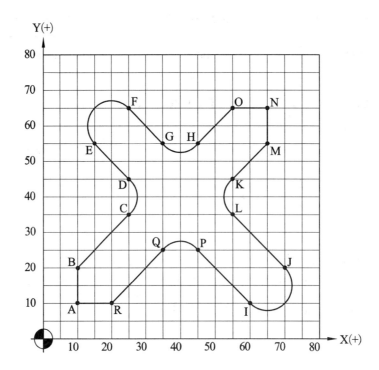

기호	절대좌표계		증분좌표계		기호	절대좌표계		증분좌표계	
	X	Y	X	Y		X	Y	X	Y
A					J				
B					K				
C					L				
D					M				
E					N				
F					O				
G					P				
H					Q				
I					R				

좌표계 연습 - 2

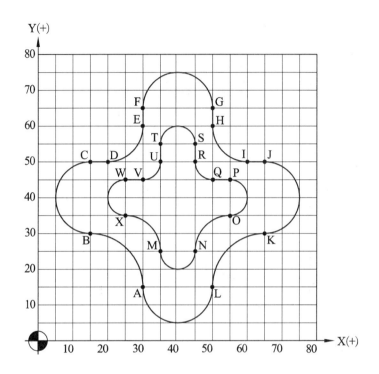

기호	절대좌표계		증분좌표계		기호	절대좌표계		증분좌표계	
	X	Y	X	Y		X	Y	X	Y
A					M				
B					N				
C					O				
D					P				
E					Q				
F					R				
G					S				
H					T				
I					U				
J					V				
K					W				
L					X				

좌표계 연습 - 3

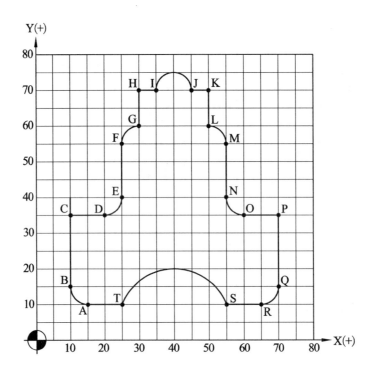

기호	절대좌표계		증분좌표계		기호	절대좌표계		증분좌표계	
	X	Y	X	Y		X	Y	X	Y
A					K				
B					L				
C					M				
D					N				
E					O				
F					P				
G					Q				
H					R				
I					S				
J					T				

좌표계 연습 - 4

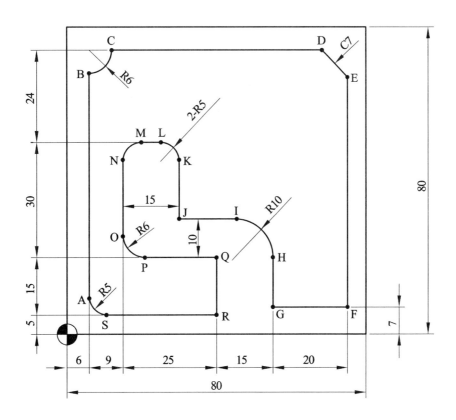

기호	절대좌표계		증분좌표계		기호	절대좌표계		증분좌표계	
	X	Y	X	Y		X	Y	X	Y
A					K				
B					L				
C					M				
D					N				
E					O				
F					P				
G					Q				
H					R				
I					S				
J									

좌표계 연습 - 5

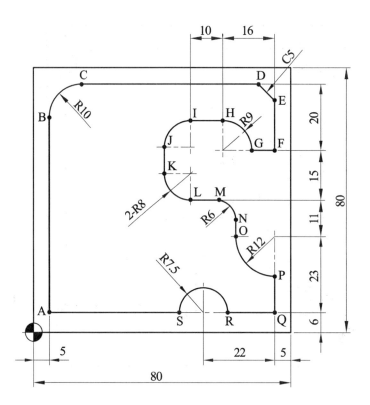

기호	절대좌표계		증분좌표계		기호	절대좌표계		증분좌표계	
	X	Y	X	Y		X	Y	X	Y
A					K				
B					L				
C					M				
D					N				
E					O				
F					P				
G					Q				
H					R				
I					S				
J									

CNC 선반

CNC 선반의 개요

2.1.1 CNC 선반의 구조

(1) 주축대

주축대에 장착되어있는 척은 대부분 유압척이며, 연동척이 설치되어 있다. 연동척에는 소프트조(Soft Jaw)와 하드조(Hard Jaw)가 있다. 보통은 연질의 소프트조를 공작물 지름에 맞도록 적절히 가공하여 가공물을 고정하고 회전시켜주는 역할을 한다.

(2) 회전 공구대

공구대는 일반적으로 드럼형의 터릿 공구대에 여러 작업 공정에 맞게 다양한 절삭 공구를 장착하여 프로그램된 가공 순서에 맞게 공구 교환이 이루어진다.

(3) 심압대

공작물의 길이가 직경에 비하여 긴 공작물은 가공할 때 떨림이나 휨이 발생하게 된다. 이를 방지하기 위하여 공작물에 센터 홈을 가공하고 심압대에 장착된 센터를 끼워 지지한다.

| 주축대 | | 회전 공구대 | | 심압대 |

(4) 조작판넬

CNC공작기계의 조작 판넬에서는 기계의 ON/OFF, 프로그램들을 입력, 수정 등을 할 수 있는 여러 개의 스위치들로 구성되어 있어 기계를 조작하는 역할을 수행하는 판넬이다.

제작 회사에 따라 스위치의 종류와 모양, 위치 등이 다르게 되어 있으나 기본 기능은 동일한 기능을 한다.

2.1.2 CNC 선반 공구

(1) 절삭공구의 선정

CNC 선반에서는 공작물의 재질 가공 형상 및 절삭 조건에 따라 절삭공구 재료를 선정하게 된다. 또 인서트의 형상, 공작기계의 상태 등도 고려되어야 한다.

CNC 선반에서 사용하는 공구 재료에는 초경합금, 코티드 초경합금, 서멧, 세라믹, CBN, 다이아몬드 등이 있다.

(2) 공구홀더의 선정

CNC 선반에서 절삭력에 충분히 견딜 수 있는 공구의 홀더의 크기와 형상을 고려하여 선정한다. 공구홀더 역시 제작회사의 규격품으로 이에 따른 인서트 팁의 형상도 달라지므로 가공 부위의 형상 등을 고려하여 적합한 것을 선택한다.

(3) 인서트팁의 선정

인서트팁은 장착 가능한 홀더가 다르므로 제작회사에서 제공하는 규격을 참고로 공구홀더에 장착할 수 있는 규격을 선정해야 한다.

2.2 좌표계 설정과 프로그램 원점

2.2.1 CNC선반의 좌표계

각종 공작기계는 공작물의 클래핑 위치와 절삭공구의 고정 위치에 따라 회전축과 이동축이 서로 다르다. 이에 따라 공작기계의 좌표축과 운동기호가 기계마다 다르면 프로그래밍에 혼돈이 생길 수 있어 EIA, ISO, KS 규격으로 규정하였다.

① NC 공작기계에서는 일반적으로 오른손 좌표계를 기준으로 사용한다.

② 공작물의 클램핑과 절삭공구의 운동을 제어하는 프로그래밍을 CNC 프로그래밍이라고 한다.

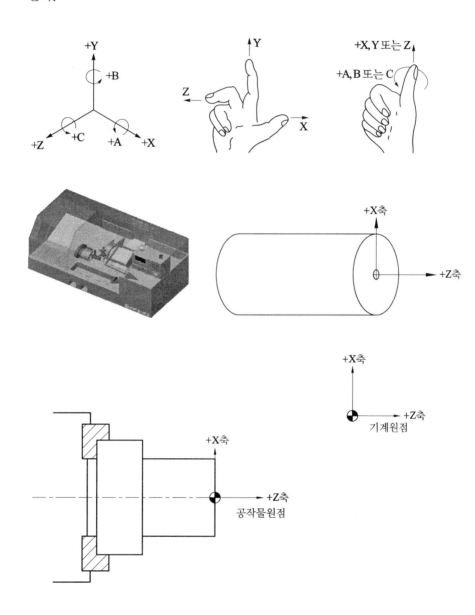

2.2.2 좌표축과 운동기호

기준축	보조축(1)	보조축(2)	회전축	결 정 방 법
X	U	P	A	가공의 기준이 되는 축
Y	V	Q	B	X축과 직각인 이송 축
Z	W	R	C	주축(Spindle)

2.2.3 좌표계의 종류

(1) 기계 좌표계

기계제작회사에서 기계의 원점을 기준으로 정한 좌표계로 기계좌표의 설정은 전원 투입 후 원점복귀 완료시 설정된다.

기계에 고정되어 있는 좌표계로 공작물 좌표계 설정, 공작물좌표계 선택, 금지영역 등의 설정 등의 기준이 된다.

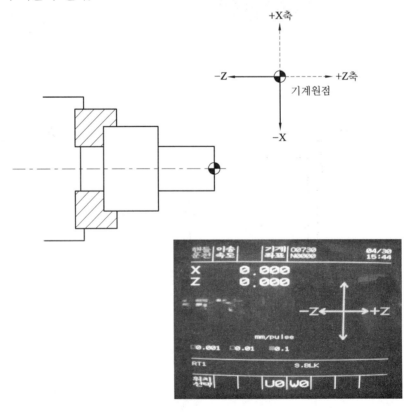

(2) 공작물 좌표계

가공 프로그램을 쉽게 작성하기 위하여 공작물 중심의 임의의 점을 원점으로 정한 좌표계로 기계 좌표계에서 X, Z축 좌표의 위치를 G50을 이용해서 각 공작물마다 설정한다. 일반적으로 공작물의 좌측 또는 우측 끝단의 중심에 설정한다.

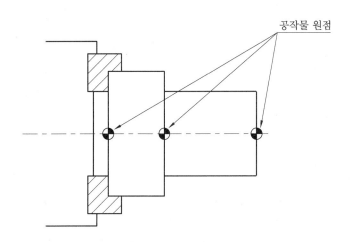

공작물 원점

절대 좌표계 원점으로 CNC프로그램을 작성하기 편리한 위치를 원점으로 설정한다.

(3) 상대(증분)좌표계

일시적으로 임의의 좌표를 0(Zero)으로 설정할 때 사용한다. 기계좌표계에서 공작물좌표계를 설정하려면 X, Y축의 증분량을 확인, 핸들이동시 좌표 및 이동거리를 확인하기 위하여 사용한다.

(4) 기계 좌표계와 절대 좌표계 프로그램의 비교

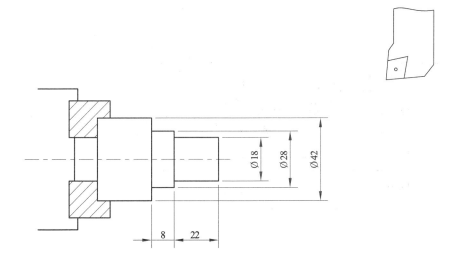

① 기계 좌표계 프로그램

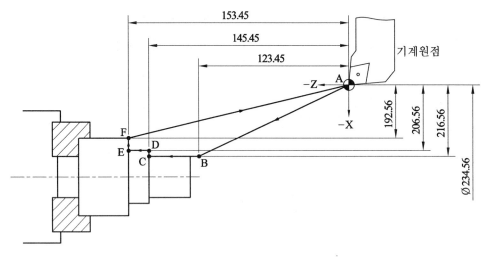

기계 좌표계 프로그램	경 로
G90 G00 X-216.56 Z-123.45 ;	A → B
G01 X-216.56 Z-145.45 F0.2 ;	B → C
X-206.56 Z-145.45 ;	C → D
X-206.56 Z-153.45 ;	D → E
X-192.56 Z-153.45 ;	E → F
G00 X0. Z0. ;	F → A

② 공작물 좌표계 프로그램

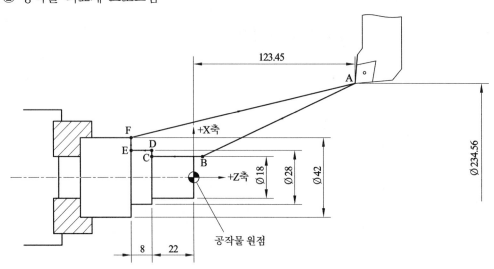

공작물 좌표계 프로그램	경 로
G90 G00 X18. Z2. ;	A → B
G01 X18. Z-22. F0.2 ;	B → C
X28. Z-22. ;	C → D
X28. Z-30. ;	D → E
X42. Z-30. ;	E → F
G00 X234.56 Z123.45 ;	F → A

(5) 좌표계 특징

① 기계 좌표계를 사용한 방법은 공작물의 선단과 기계원점까지의 거리를 먼저 알아야 프로그램을 작성할 수 있다.

② 절대(공작물)좌표계를 사용한 방법은 공작물의 임의의 원점(공작물 원점)을 기준으로 프로그램을 작성하기 때문에 도면의 치수를 보면서 프로그램을 쉽게 작성할 수 있다.

③ 기본적으로 기계 좌표계를 이용한 프로그램은 사용하지 않는다.

2.3 지령방법

2.3.1 지령방법의 종류

(1) 절대지령(Absolute)

이동 종점의 위치를 절대(공작물)좌표계의 위치로 지령하는 방식

좌표어 : X, Z   예: G00 X10. Z-20. ;

(2) 증분(상대)지령(Incremental)

이동 시작점에서 종점까지의 이동량으로 지령하는 방식

좌표어 : U, W   예: G00 U30. W-50. ;

(3) CNC선반의 절대, 증분, 혼합지령 비교

① 절대지령 : G00 X100. Z100. ;

② 증분지령 : G00 U100. W100. ;

③ 혼합지령 : G00 X100. W100. ;

한 블록(Block)에 절대지령과 증분지령을 동시에 지령 가능

※ 참고 : 머시닝센터의 절대, 증분 비교

- 절대지령 : G90 G00 X100. Y100. Z100. ;
- 증분지령 : G91 G00 X100. Y100. Z100. ;

머시닝센터의 프로그램은 절대지령(G90), 증분지령(G91)을 G 코드로 지령하게 되므로 혼합지령이 불가능하다.

(4) 절대지령과 증분지령의 적용

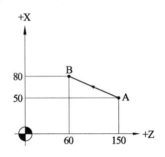

① 절대지령(B점의 절대 좌표) : G00 X80. Z60. ;
② 증분지령(A점에서 B점까지의 증분량) : G00 U30. W-90. ;
③ 혼합지령 : G00 U30. Z100. ; 또는 G00 X80. W-90. ;

(5) 반경지령과 직경지령

공작물 좌표계를 기준으로 X축의 좌표는 공작물 지름의 1/2인 반경(반지름)이 된다. 프로그램할 때 X축 좌표를 공작물 지름의 반으로 계산해서 입력하는 방법을 반경 지령이라 하고, 프로그램할 때 X축 좌표를 공작물 지름을 그대로 입력해도 CNC선반이 X축 좌표만을 1/2로 연산하여 이동하게 지령하는 방법을 직경지령이라 한다.

① 직경지령과 반경지령의 선택은 파라미터로 선택하며 NC 선반은 기본적으로 직경지령이 선택되어 있다.
② 직경지령의 방법은 직경의 수치를 프로그램으로 작성한다.
③ 지령구분

어드레스	의 미	지 령 구 분
X	X 축 절대 지령	직경지령(반경지령)
U	X 축 증분 지령	

어드레스	의 미	지령구분
Z	Z축 절대 지령	–
W	Z축 증분 지령	
I, K, R	원호보간의 반경 지정	반경지령
X, U	공구보정	직경지령(반경지령)

2.4 NC 프로그래밍의 주요 기능

2.4.1 준비기능 (G 기능)

준비기능은 NC 지령절의 제어기능(동작)을 준비시키기 위한 기능으로 G 기능 이라고 하며 Address "G"이하 2 단위의 수치로 구성된다.

(1) G – Code의 종류

① One Shot G-Code : 지령된 Block에 한해서만 유효한 기능이다.("00"Group)

② Modal G-Code : 동일 Group의 다른 G-Code가 나올 때까지 유효한 기능이다.("00"
이외의 Group)

(2) One Shot G – Code 와 Modal G – Code의 사용방법

G00 X120. Z210. ;	G00 지령으로 X=120[mm], Z=210[mm] 급속 이동한다.
G01 X100. F0.2 ; →	G01 지령으로 X=100[mm]으로 F=0.2로 절삭 이동한다.
Z150. ; →	G지령이 없으므로 윗줄의 G01 지령이 진행된다. G01 상태로 Z=150[mm]으로 절삭 이동한다.
X150. Z120. ; →	G지령이 없으므로 윗줄의 G01 지령이 진행된다. G01 상태로 X=150[mm], Z=120[mm]으로 절삭 이동한다.
G00 X200. ; →	G지령이 입력 되었으므로 G01 지령이 해제되고 G00 지령으로 X=200[mm]으로 이동한다.
G04 P1000 ; →	이 Block 에서만 G04 유효한다. (One Shot G – Code)
X100. ; →	G지령이 없으므로 윗줄의 G00 상태로 X=100[mm]으로 이동한다.

(3) G – Code 관련 참고 사항

① G – Code 일람표에 없는 G – Code를 지령하면 Alarm 이 발생한다.

② G – Code는 Group이 다르면 몇 개라도 동일 Block에 지령할 수 있다.

③ 동일 Group이 G – Code를 같은 Block에 2개 이상 지령한 경우 뒤에 지령된 G – Code가 유효하다.

④ G – Code는 각각 Group 번호 별로 표시되어 있다.

⑤ ✔표시 기호는 전원 투입시 ✔표시 기호의 기능 상태로 된다.

(4) G – Code 일람표

G코드	그 룹	기 능
G00		급속이송 (위치결정)
G01	01	절삭이송 (직선보간)
G02		시계방향 원호보간 (CW)
G03		반시계방향 원호보간 (CCW)
G04	00	일시정지 (Dwell)
G10		Data 설정
G20	06	Inch Data 입력
G21		Metric Data 입력
G27		원점복귀 Check
G28	00	자동원점 복귀 (제1원점 복귀)
G30		제2원점 복귀
G31		Skip 기능
G32	01	나사절삭
G34		가변리드 나사절삭
✔G40		인선 R 보정 말소
G41	00	인선 R 보정 좌측
G42		인선 R 보정 우측
G50	00	공작물 좌표계 설정, 주축 최고회전수 설정
G65		Macro 호출
G70		정삭가공 사이클
G71		내외경 황삭가공 사이클
G72		단면가공 사이클
G73	00	모방가공 사이클
G74		단면 홈가공 사이클
G75		내외경 홈가공 사이클
G76		자동 나사가공 사이클
G90		내외경 절삭 사이클
G92	01	나사절삭 사이클
G94		단면절삭 사이클
G96	02	주속일정제어 ON
✔G97		주속일정제어 OFF
G98	05	분당 이송
✔G99		회전당 이송

2.4.2 보간기능

(1) 급속 위치결정 (G00)

파라미터에 설정된 속도로 X, Y, Z(절대지령), U, V, W(증분지령)에 지령된 종점를 향해 급속 이동한다.

① 지령방법

ⓐ 절대지령

```
G00   X__   Y__   Z__   ;
```

ⓑ 증분지령

```
G00   U__   V__   W__   ;
```

② 지령 Word 의 의미

ⓐ X : 절대좌표로 X 축 급속 이동 좌표점

ⓑ Y : 절대좌표로 Y 축 급속 이동 좌표점

ⓒ Z : 절대좌표로 Z 축 급속 이동 좌표점

ⓓ U : 증분(상대)좌표로 X 축 급속 이동 좌표점

ⓔ V : 증분(상대)좌표로 Y 축 급속 이동 좌표점

ⓕ W : 증분(상대)좌표로 Z 축 급속 이동 좌표점

③ 공구이동 경로

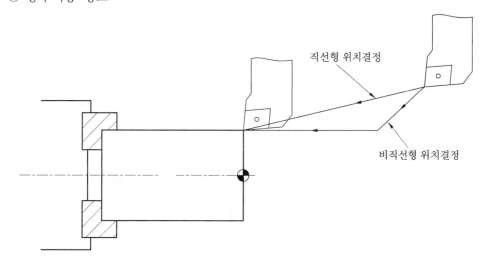

일반적으로 X축과 Z축의 이동 거리와 연동되지 않고 X축과 Z축의 서버 모터가 각각 이동 거리만큼 일정 회전수로 회전하다가 먼저 도착하는 Z축 서버모터가 정지하고 이어 도착하는 X축 모터가 정지하게 되면 앞의 그림처럼 시작점에서 종착점까지 굴곡이 있는 비직선형으로 움직이는 비직선 보간형으로 위치 결정되며, 시작점과 종점에서 자동 가감속을 하여 종점에서는 In position Check(지령된 좌표에 도착 확인)을 한다.

X축과 Z축의 이동 거리가 달라도 서버 모터가 연동하여 최종 목적지까지 회전속도를 조절하여 동시에 도착하며 회전이 중지하게 되었을 때는 앞의 그림처럼 시작점에서 종착점까지 직선으로 움직이면 직선형 위치 결정이라고 한다.

④ 자동 가감속

정지된 상태에서 지령된 위치까지 일정 속도로 움직이다가 종점 위치에 도착하면 이동을 정지해야 한다. 어떤 물체를 정지 상태에서 순간적으로 이동시키거나 이동하는 물체를 순간적으로 정지시키려면 그 물체는 많은 충격과 관성을 받으므로 정지 시키려고 하는 위치에 정확히 멈추게 한다는 것은 쉽지 않다. 정지된 상태에서 움직이기 시작하여 가속하는 구간을 지나 일정 속도로 움직이다가 종점에 근접하면 정지하기 위해 감속하는 이 기능을 말한다.

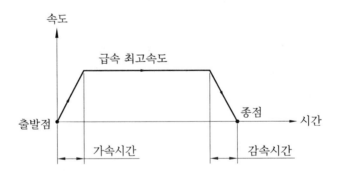

⑤ In position Check

NC 공작기계는 자동작업을 시작하면 실제 가공하는 다음 한 Block 이상을 먼저 읽어들인 상태에서 현재 Block이 정확하게 위치(종점)에 도달하기 전에 다음 Block으로 이동하려는 기능 때문에 발생하는 오차이다. 파라미터에 입력되어 있고 보통 0.02[mm]를 설정한다. 직선 보간에는 적용되지 않고 급속이송에서 급속이송이 있는 Block에서만 적용된다.

(2) 직선보간 (G01)

지령된 종점 좌표까지 주어진 F의 이송속도로 직선으로 가공하는 기능으로 Taper 나 모
따기도 직선에 포함한다.

① 지령방법

ⓐ 절대지령

```
G01   X__   Y__   Z__   F__   ;
```

ⓑ 증분지령

```
G01   U__   V__   W__   F__   ;
```

② 지령 Word 의 의미

ⓐ X : 절대좌표로 X 축 직선 이동 좌표점

ⓑ Y : 절대좌표로 Y 축 직선 이동 좌표점

ⓒ Z : 절대좌표로 Z 축 직선 이동 좌표점

ⓓ U : 증분(상대)좌표로 X 축 직선 이동 좌표점

ⓔ V : 증분(상대)좌표로 Y 축 직선 이동 좌표점

ⓕ W : 증분(상대)좌표로 Z 축 직선 이동 좌표점

ⓖ F : 이송속도 (회전당 이송)

※ **참고**

• G98 : mm/min우로 공구의 분당 이송 속도를 F로 지령

• G99 : mm/rev로 주축의 1회전당 공구의 이송 속도를 F로 지령

③ 공구 이동경로 (A점에서 B점까지 직선보간 프로그램)

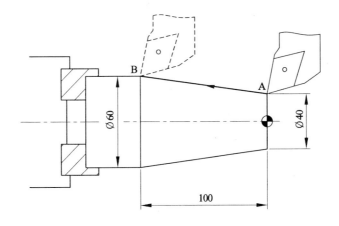

ⓐ 절대지령 : G01 X60. Z-100. F0.2 ;

ⓑ 증분지령 : G01 U40. W-100. F0.2 ;

ⓒ 혼합지령 : G01 X60. W-100. F0.2 ;

ⓓ 혼합지령 : G01 U40. Z-100. F0.2 ;

④ 직선보간 (공구 이동경로)

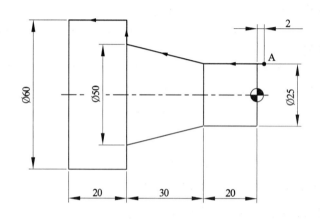

프로그램	의 미
G00 X25. Z2. ;	A 점(가공 시작점)
G01 (X25.) Z-20. F0.2 ;	직선보간 X25.mm Z-20.mm 지점까지 F0.2 이송속도로 가공 (X25. 지령은 생략)
(G01) X50. Z-50. (F0.2) ;	G01은 Modal G-코드이므로 같은 그룹의 G-코드가 나올때까지 생략한다. 이송속도 F0.2도 Modal 지령이므로 생략 (한 Block에 X, Z축 동시지령 - 테이퍼 가공)
(G01) X60. (Z-50.) (F0.2) ;	X 축만 이동하기 때문에 Z축 지령은 생략
(G01) (X60.) Z-70. (F0.2) ;	Z 축만 이동하기 때문에 X 축 지령은 생략

(3) 원호보간 (G02, G03)

지령된 시점에서 종점까지 반지름 R의 크기로 시계방향 G02(Clock Wise)와 반시계방향 G03 (Counter Clock Wise)으로 원호 가공

① R 지령에 의한 원호 지령방법

$$\begin{bmatrix} G90 \\ G91 \end{bmatrix} \begin{bmatrix} G02 \\ G03 \end{bmatrix} \ X\_\_ \ \ Y\_\_ \ \begin{bmatrix} R\_\_ \\ R-\_\_ \end{bmatrix} \ F\_\_ \ ;$$

   ⓐ G02 : 시계방향(C.W, Clock Wise)

   ⓑ G03 : 반시계방향(C.C.W, Counter Clock Wise)

   ⓒ X : X축 원호의 종점 좌표

   ⓓ Y : Y축 원호의 종점 좌표

   ⓔ R : 180°이하의 내각의 갖는 원호반경

   ⓕ −R : 180°초과하는 내각의 갖는 원호반경

② I , J 지령에 의한 원호 지령 방법

$$
\begin{bmatrix} G90 \\ G91 \end{bmatrix} \begin{bmatrix} G02 \\ G03 \end{bmatrix} \quad X\_\_ \quad Y\_\_ \quad \begin{bmatrix} I\_\_ \\ J\_\_ \end{bmatrix} \quad F\_\_ \quad ;
$$

   ⓐ G02 : 시계방향(C.W, Clock Wise)

   ⓑ G03 : 반시계방향(C.C.W, Counter Clock Wise)

   ⓒ X : X축 원호의 종점 좌표

   ⓓ Y : Y축 원호의 종점 좌표

   ⓔ I : 시작점에서 중심점까지 X축 증분량

   ⓕ J : 시작점에서 중심점까지 Y축 증분량

③ 회전방향 구분

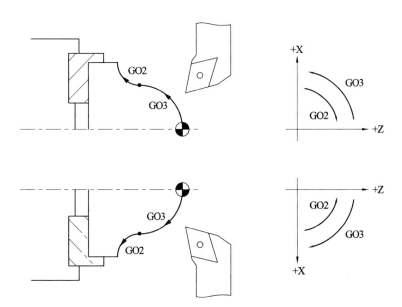

④ 원호보간에서 I, K 부호 결정하는 방법

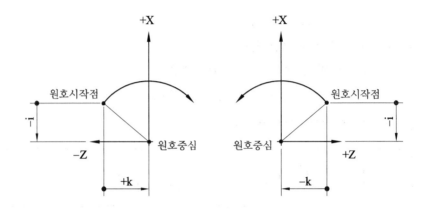

⑤ 절대, 증분, I, K 지령 원호보간 프로그램 비교

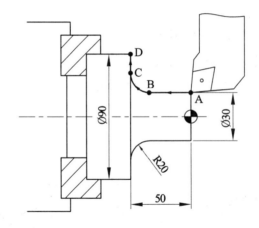

    ⓐ 절대지령 (R 지령)

      G01 Z-40. F0.3 ;   A → B

      G02 X70. Z-60. R20. ;   B → C

      G01 X90. ;   C → D

    ⓑ 증분지령 (R 지령)

      G01 W-40. F0.3 ;   A → B

      G02 U40. W-20. R20. ;   B → C

      G01 U20. ;   C → D

ⓒ I, K 지령 원호보간

G01 Z-40. F0.3 ;   A → B

G02 X70. W-20. I20. ;   B → C

G01 U20. ;   C → D

(4) Dwell Time(일시정지) 지령(G04)

지령된 시간동안 프로그램의 진행을 정지 시킬 수 있는 기능으로 모서리가 뾰족한 제품
이나 홈가공 원주면 정삭시 사용

① 지령방법:

$$
G04 \quad \begin{bmatrix} P\_\_\_ \\ X\_\_\_. \\ U\_\_\_. \end{bmatrix} \quad ;
$$

② 지령 Word 의 의미

ⓐ P : 정지시간을 지정 소수점 사용 불가능 (예 : G04 P2000 ;)

ⓑ X : 정지시간을 지정 소수점 사용가능 (예 : G04 X2. ;)

ⓒ U : 정지시간을 지정 소수점 사용가능 (예 : G04 U2. ;)

③ Dwell 지령 홈가공 프로그램 설명

프로그램	의 미
G00 X30. Z-7. ;	홈가공 시작점으로 이동
G01 X18. F0.05 ;	홈가공
G04 X2. or (P2000);	현재 Block 에서 2초 동안 정지 (축의 이동만 정지 – 주축은 계속 회전)
G00 X30. ;	X축 후퇴

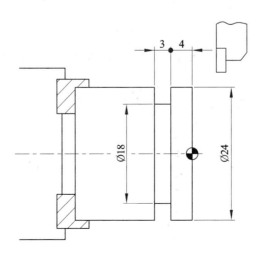

(5) 자동 모따기 및 코너 R 기능

직각으로 이루어진 두 BLOCK 사이에 모따기 및 코너 R 이 있는 경우 두 Block 으로 프로그램 하지 않고 G01 한 Block 으로 간단히 프로그램 한다.

① Z 축이 이동하면서 자동 모따기 가공

ⓐ 지령방법

$$G01 \quad \begin{bmatrix} Z_b \text{---} \\ W_b \text{---} \end{bmatrix} \quad C \pm i \quad F\text{\_\_\_} \quad ;$$

Z 축에서 X축으로 이동하면서 자동 모따기 가공을 한다.

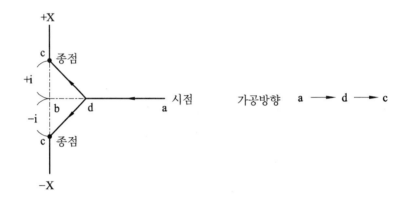

② X축이 이동하면서 자동 모따기 가공

ⓐ 지령방법

$$G01 \quad \begin{bmatrix} X_b \text{---} \\ U_b \text{---} \end{bmatrix} \quad C \pm k \quad F\text{\_\_\_} \quad ;$$

X 축에서 Z축으로 이동하면서 자동 모따기 가공을 한다.

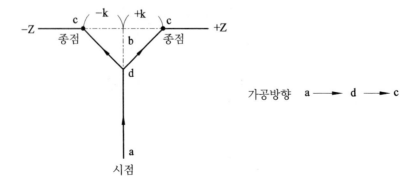

③ Z축 이동 자동 라운드

    ⓐ 지령방법

$$G01 \quad \begin{bmatrix} Z_b ── \\ W_b ── \end{bmatrix} \quad R \pm r \quad F ── \quad ;$$

Z 축에서 X축으로 이동하면서 자동 라운드 가공을 한다.

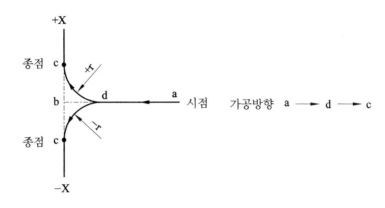

④ X축 이동 자동 라운드

    ⓐ 지령방법

$$G01 \quad \begin{bmatrix} X_b ── \\ U_b ── \end{bmatrix} \quad R \pm r \quad F ── \quad ;$$

X 축에서 Z축으로 이동하면서 자동 라운드 가공을 한다.

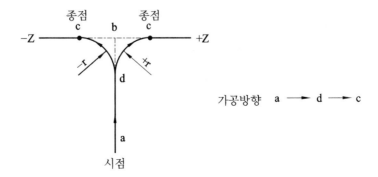

⑤ 원호보간 및 모따기 프로그램 비교

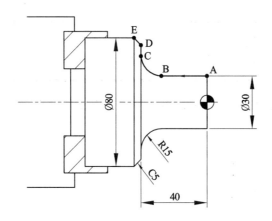

ⓐ 직선 및 원호보간 지령

   G01 Z-30. F0.2 ;   A → B

   G02 X60. Z-45. R16. ;   B → C

   G01 X70. ;   C → D

   G01 X80. Z-50. ;   D → E

ⓑ 자동 모따기 및 라운드 지령

   G01 Z-45. R15. F0.2 ;   A → C

   X80. C-5. ;

   (X80. k-5.;)   C → E

2.4.3 이송 기능(G99, G98)

(1) 회전당 이송 (G99)

공구를 주축 1회전당 얼마만큼 이동하는가를 F로 지령한다. 같은 F값으로 지령해도 주축회전수가 다르면 가공속도 (시간) 는 다르다. (지령범위 : F0.001[mm]~F500[mm/rev]) 전원을 투입하면 G99 회전당 이송으로 자동 선택 된다.

① 지령방법

   G99   F__ ;

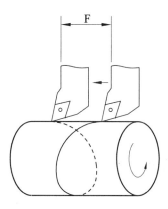

(2) 분당 이송 (G98)

공구를 분당 얼마만큼 이동 하는가를 F 로서 지령한다. 주축의 정지 상태에서 공구를 절삭이송 시킬 수 있으며 밀링에서 많이 사용한다.(지령범위 : F1~F100000[mm/min])

① 지령방법

```
G98   F__ ;
```

$$F = f + N$$

F : 분당 이송[mm/min]
f : 회전당 이송[mm/rev]
N : 주축 회전수[rpm]

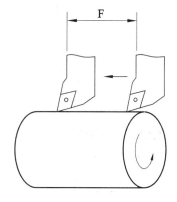

2.4.4 주축기능 (S)

(1) 주속 일정제어 ON (G96)

주축의 회전수를 소재 가공부의 직경에 따라 자동으로 변화 하여 절삭속도를 일정하게 유지하므로 절삭시간 단축, 공구 수명을 연장하며, 가공물의 표면거칠기를 유지한다.

① 지령방법

> G96   S_ ;

S는 절삭속도[m/min]

② 관계식

(절삭속도 : 공구와 공작물의 상대속도)

$$V = \frac{\pi DN}{1000} \, [\text{m/min}] \qquad N = \frac{\pi D}{1000 \, V} \, [\text{rpm}]$$

V : 절삭속도[m/min] D : 지름[mm] N : 회전수[rpm]

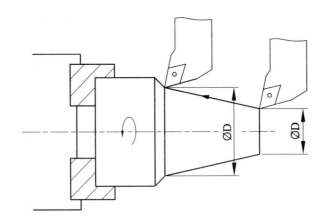

(2) 주속 일정제어 OFF(G97)

주축의 1분당 회전수를 지령하는 것으로서, 나사가공 및 직경의 차이가 크지 않은 Shaft 형태의 제품을 가공할 때 직경에 관계없이 일정한 회전수로 가공할 수 있다.

① 지령방법

> G97   S_ ;

S는 1분당 회전수[rpm]

(3) 주축 최고회전수 지정(G50)

주속 일정제어(G96) 사용시 회전지령의 S 값은 절삭속도이기 때문에 소재의 직경이 작

아지는 만큼 회전수는 상대적으로 증가하므로 큰 지그를 사용하는 기계에서는 진동과
공작물이 회전중에 이탈할 수도 있다. 이같은 위험을 배제하기 위하여 일정한 회전수
이상의 변화를 제한시킬 수 있는 기능이다.

① 지령방법

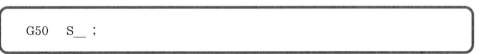

G50   S＿ ;

S는 주축의 최고회전수 지정[rpm]

② 주축기능 G50, G96, G97의 S기능의 사용 예

프로그램	의 미
G50 X200. Z150. S2000 ;	주축 최고회전수 2000[rpm] 지정
G96 S200 M03 ;	절삭속도 200[m/min] 지정
↓	
↓	
G97 S1000 M03 ;	주축회전수 1000[rpm] 지정

2.4.5 공구기능

(1) 공구기능 (T)

프로그램에서 자동으로 공구를 교환시키는 기능을 말하며, 보정기능과 같이 지령하여
사용한다. NC 공작기계는 공구대 (Turret)에 장착된 공구를 자동으로 교환(호출)시킬
수 있다.

T 이하 4단지령 (공구 선택번호 2단, 공구 보정번호 2단)으로 공구와 보정번호를 선택
가능하며 앞쪽 2단은 공구 선택번호로 공구대에 장착된 공구를 자동으로 교환시키는 공
구번호이다.

① 지령방법

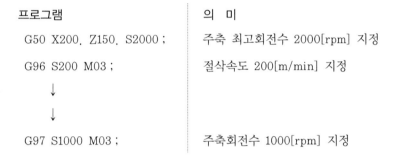

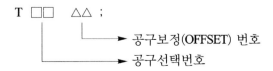

공구보정(OFFSET) 번호
공구선택번호

② 공구기능 사용 예

공구번호	의 미
T0100	1번공구 선택, 1번공구 보정 말소
T0101	1번공구 선택, 공구보정번호 1번 선택
T0202	2번공구 선택, 공구보정번호 2번 선택

③ 0의 생략

공구번호와 공구보정 번호는 같지 않아도 되지만 같은 번호를 사용하면 보정실수를 줄일 수가 있다.

| Leading Zero 생략 |

Data 지령중에 앞쪽에 지령된 "0"(Zero)에 대해서는 프로그램을 간단히 하기 위하여 생략할 수 있다.

```
G00 → G0
G02 → G2
M03 → M3
T0101 → T101
```

2.4.6 보정기능

프로그램을 작성할 때 공구의 길이와 형상을 고려하지 않고 프로그램을 작성하게 된다. 실제 가공을 할 때는 각각의 공구가 길이와 공구선단의 인선 R 크기의 차이를 Offset 화면에 등록하고 공작물 가공시 호출하여 자동으로 보상을 받을 수 있게 하는 기능을 말한다.

(1) 공구 위치보정(길이보정)

프로그램 상에서 가정한 공구(기준공구)에 대하여 실제로 사용하는 공구가 다른 경우에 그 차이값을 보정하는 기능이다.

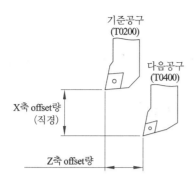

기준공구
(T0200)

다음공구
(T0400)

X축 offset량
(직경)

Z축 offset량

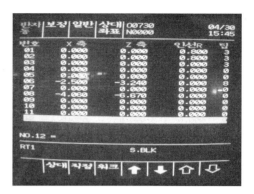

① 공구 위치보정의 예

프로그램	의 미
G00 X30. Z2. T0101 ;	1번 Offset 량 보정
G01 Z-50. F0.2 ;	
G00 X200. Z150. T0100 ;	1번 Offset 량 보정 무시

(2) 인선 R 보정 (G40, G41, G42)

인선 R 때문에 테이퍼절삭과 원호절삭에서 과대 절삭이나 과소 절삭 부분이 발생하는 오차를 자동으로 보상하는 기능

① 지령방법

ⓐ 공구경 좌측 보정

G41 $\begin{bmatrix} X \_\_\_ & Z \_\_\_ \\ U \_\_\_ & W \_\_\_ \end{bmatrix}$;

ⓑ 공구경 우측 보정

G42 $\begin{bmatrix} X \_\_\_ & Z \_\_\_ \\ U \_\_\_ & W \_\_\_ \end{bmatrix}$;

ⓒ 공구경 보정 취소

G40 $\begin{bmatrix} X \_\_\_ & Z \_\_\_ \\ U \_\_\_ & W \_\_\_ \end{bmatrix}$;

② 지령 의미

　ⓐ G41 : 공구 인선 R 보정 좌측

　　　　공작물기준으로 공구진행 방향에서 공구가 공작물의 좌측에서 가공

　ⓑ G42 : 공구 인선 R 보정 우측

　　　　공작물기준으로 공구진행 방향에서 공구가 공작물의 우측에서 가공

　ⓒ G40 : 공구 인선 R 보정 취소

③ 인선 R 보정의 공구 이동경로

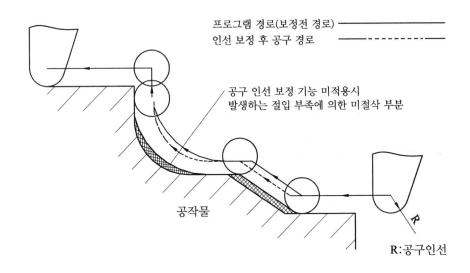

프로그램 경로(보정전 경로)

인선 보정 후 공구 경로

공구 인선 보정 기능 미적용시
발생하는 절입 부족에 의한 미절삭 부분

공작물

R:공구인선

④ 좌표계의 종류에 따른 인선 R 보정의 선택

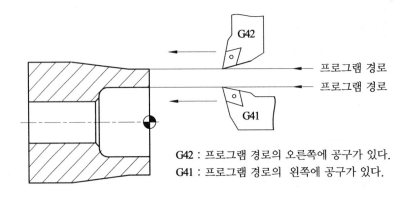

G42

프로그램 경로

프로그램 경로

G41

G42 : 프로그램 경로의 오른쪽에 공구가 있다.

G41 : 프로그램 경로의 왼쪽에 공구가 있다.

⑤ 가상인선

　실제로 존재하지 않는 점이지만 공구상의 기준점을 정해 프로그램 경로를 통과하는

가상점인데, 프로그램 작성시 인선 R이 없다고 생각하고 프로그램을 작성하여 가공하기 때문에 문제점이 발생되는데 이러한 문제점을 보완하는 방법으로 공구선단에 인선 R을 만들어 가공을 하지만 과대절삭이나 과소절삭 현상을 막을 수 없다.

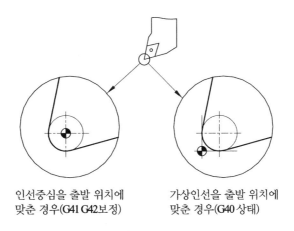

인선중심을 출발 위치에
맞춘 경우(G41 G42보정)
　　　　가상인선을 출발 위치에
　　　　맞춘 경우(G40 상태)

⑥ Start-Up Block

G40 Mode 에서 G41 이나 G42 Mode 로 들어가는(보정하는) Block 을 말하며 인선 R 보정을 시작하는 Block 이다. Start-Up Block 을 실행하면 다음 Block 의 이동방향에 대해서 수직인 위치에 인선 R 중심이 이동한다.

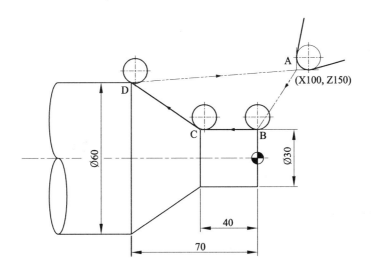

[인선 R 보정 프로그램의 예]

프로그램	의 미
X100. Z150. ;	A
G42 G00 X30. Z0. ;	A → B 급속 이동하면서 공구인선 우측 보정
G01 Z-35. F0.02 ;	B → C 절삭 이동
X60. Z-70. ;	C → D 절삭 이동
G40 G00 X100. Z50. ;	D → A 급속 이동하면서 공구인선 보정 취소

⑦ 가상인선 번호 및 방향

공구의 종류(가공하는 방향)에 따라서 인선 R 중심을 기준으로 가상인선 번호가 결정된다.

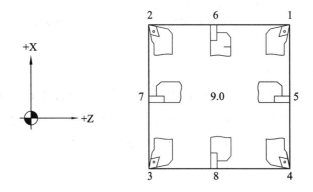

⑧ 가상인선 번호

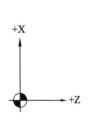

가상인선 번호1	가상인선 번호2	가상인선 번호3	가상인선 번호4
가상인선 번호5	가상인선 번호6	가상인선 번호7	가상인선 번호8

⑨ 인선 R 보정 사용 유무 프로그램의 비교

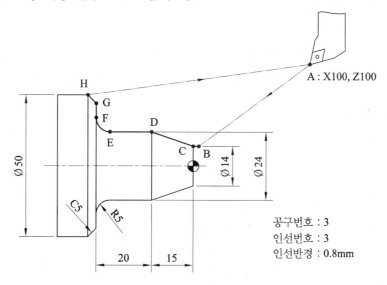

공구번호 : 3
인선번호 : 3
인선반경 : 0.8mm

ⓐ 인선 R 보정을 사용한 프로그램

X100. Z100. ;	A 점 공구 출발점
G42 G00 X14. Z2. T0303 ;	인선 R 우측 보정 적용
G01 Z0. F0.2 ;	지령 종점으로 절삭이송
X24. Z-15. ;	〃
Z-30. ;	〃
G02 X34. Z-45. R5. ;	〃
G01 X40. ;	〃
X60. Z-40. ;	〃
G40 G00 X100. Z100. T0300 ;	인선 R 보정 취소

ⓑ 인선 R 보정을 사용하지 않은 프로그램

X100. Z100. ;	A 점 공구 출발점
G42 G00 X13.55 Z2. T0303 ;	인선 R 우측 보정 적용
G01 Z0. F0.2 ;	지령 종점으로 절삭이송
X24. Z-15.67 ;	〃
Z-30.8 ;	〃
G02 X33.4 Z-545. R4.2 ;	〃
G01 X39.06 ;	〃
X60. Z-50.47 ;	〃
G40 G00 X100. Z100. T0300 ;	인선 R 보정 취소

2.4.7 보조기능(M)

주소(address) M 다음에 2자리 숫자를 붙여, NC 공작기계가 여러 가지 동작을 수행할 수 있도록 서어보 모터를 비롯한 여러 기능을 ON/OFF 하는 지령을 보조기능이라 한다.

(1) M 코드 일람표

M코드	기　　능
M00	프로그램 스톱(Program Stop)
M01	프로그램 선택 정지(Optional Program Stop)
M02	프로그램 종료(Program End)
M03	주축 정회전(CW)
M04	주축 역회전(CCW)
M05	주축 정지(Spindle Stop)
M06	공구 교환 (Tool Change)
M08	절삭유 공급 (Coolant ON)
M09	절삭유 정지 (Coolant OFF)
M10	인덱스 클램프(Index Clamp)
M11	인덱스 언클램프(Index Unclamp)
M16	Tool No. Search
M19	스핀들 오리엔테이션(Spindle Orientation)
M28	매가진 원점복귀(Magazine Reference Point Return)
M30	프로그램 종료 + 리세트(Program Rewind & Reset)
M40	Gear 중립(Spindle Gear Neutral Position)
M41	Grar 1단 (Spindle Gear Low Position)
M42	Grar 2단 (Spindle Gear Middle Position)
M48	스핀들 오버라이드 무시 OFF
M49	스핀들 오버라이드 무시 ON
M57	앞쪽 공구대 선택
M58	뒤쪽 공구대 선택
M68	유압척 Clamp
M69	유압척 Unclamp
M78	심압축 전진
M79	심압축 후진
M98	Sub Program 호출
M99	Sub Program 종료 - Main Program 호출

2.5 고정 사이클

2.5.1 단일형 고정 사이클 (G90, G92, G94)

절삭여유가 많은 공작물을 가공할 때 여러 Block 으로 지령해서 가공해야 하는 것을 Block 수를 줄여 간단히 프로그램 할 수 있고 반복적으로 절삭하는 경우 절입량만 지정하면 된다.

(1) 내외경 절삭 (G90)

초기점에서 가공을 시작하고 초기점으로 자동 복귀한다.

① 수평절삭 지령방법

$$\text{G90} \quad \begin{bmatrix} \text{X}\_\_\_ \\ \text{U}\_\_\_ \end{bmatrix} \quad \begin{bmatrix} \text{Z}\_\_\_ \\ \text{W}\_\_\_ \end{bmatrix} \quad \text{F}\_\_\_ \quad ;$$

② 테이퍼 절삭 지령방법

$$\text{G90} \quad \begin{bmatrix} \text{X}\_\_\_ \\ \text{U}\_\_\_ \end{bmatrix} \quad \begin{bmatrix} \text{Z}\_\_\_ \\ \text{W}\_\_\_ \end{bmatrix} \quad \text{R}\_\_\_ \quad \text{F}\_\_\_ \quad ;$$

③ 지령 Word 의 의미

ⓐ X __ Z __ : 절대 지령에 의한 종점의 좌표입력

ⓑ U __ W __ : 증분 지령에 의한 종점의 좌표입력

ⓒ R__ : 내외경 절삭 사이클 에서 테이퍼 절삭을 할 때 반경 지경에 X 축 기울기량을 지정한다. (반경 지정)

ⓓ F __ : 이송속도 (회전당 이송속도 mm/rev)

※ 직선보간 G01 에서는 한 블록에 X, Z 를 동시에 지령하면 테이퍼 절삭이 되지만, 단일형 고정 사이클에서는 한 블록에 X, Z 를 동시에 지령해도 테이퍼 절삭이 안된다.

④ 내외경 절삭 사이클의 공구 경로

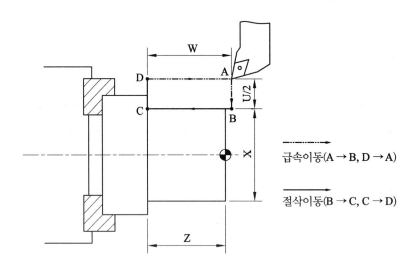

급속이동(A → B, D → A)

절삭이동(B → C, C → D)

⑤ Taper 절삭의 공구 경로

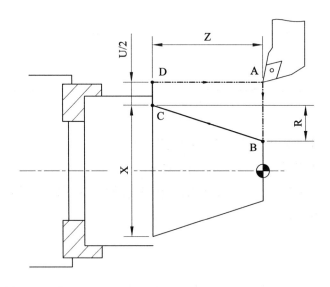

⑥ Taper 절삭시 가공형태에 다른 R값의 부호

ⓐ 외경 절삭시

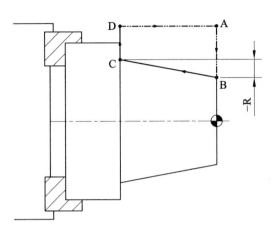

ⓑ 내경 절삭시

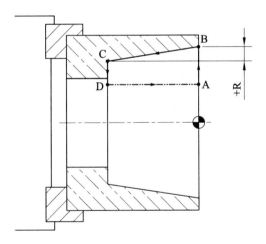

테이퍼 절삭시 R값의 부호는 절삭의 종점 (C점)을 기준하여 시점 (B점 : X축의
가공 시작점)의 위치가 종점보다 "+" 방향인지 "−" 방향인지를 판단한다.
(외경절삭 R : "−"값, 내경절삭 R : "+"값)

⑦ 단일형 고정 사이클(G90)의 응용과제

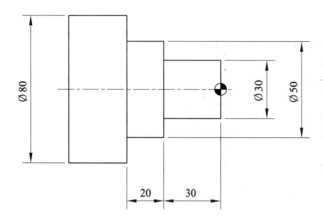

ⓐ 프로그램 (∅50×50 부분 가공)

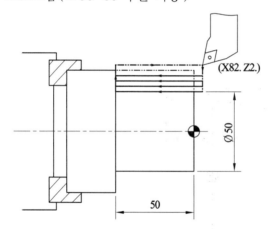

```
O1234 ;
G30 U0. W0. ;
G50 X200. Z100. S1500 T0100 ;
G96 S180 M03 ;
G00 X82. Z2. T0101 M08  ;            가공 시작점 ( 고정 사이클 초기점 )
G90 X75. Z-50. F0.2  ;               ⓐ부 단일형 고정 사이클 가공
X70. ;                               X축의 절입량 지령
X65. ;                                       〃
X60. ;                                       〃
X55. ;                                       〃
X50. ;                                       〃
G00 X200. Z100. ;
```

ⓑ 프로그램 (∅30×30 부분 가공)

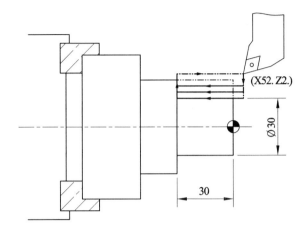

O1111
G30 U0. W0. ;
G50 X200. Z100. S1500 T0100 ;
G96 S180 M03 ;
G00 X52. Z2. T0101 M08 ;   가공 시작점 (고정 사이클 초기점)
G90 X45. Z-30. F0.2 ;   ⓑ부 단일형 고정 사이클
X40. ;   X축의 절입량 지령
X35. ;   〃
X30. ;   〃
G00 X200. Z100. ;

ⓒ 프로그램

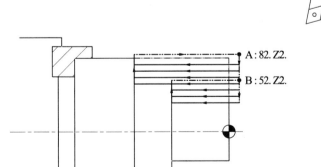

```
O1111
G30 U0. W0. ;
G50 X200. Z100. S1500 T0100 ;
G96 S180 M03 ;
G00 X72. Z2. T0101 M08 ;          가공 시작 A점 ( 고정 사이클 초기점 )
G90 X65. Z-70. F0.25 ;            ⓐ부 단일형 고정 사이클 가공
X60. ;                           X축의 절입량 지령
X55. ;                                    〃
X50. ;                                    〃
G00 X52. ;                        가공 시작 B점 ( X52. Z2. )
G90 X45. Z-40. ;                  ⓑ부 단일형 고정 사이클
X40. ;                           X축의 절입량 지령
X35. ;                                    〃
X30. ;                                    〃
G00 X200. Z100. T0100 M09 ;
M05 ;
M02 ;
```

2.5.2 단면절삭 사이클 (G94)

공구경로 1 → 2 → 3 → 4의 과정을 1 사이클 로 가공한다. 초기점 A 에서 가공을 시작하고 A 점으로 자동 복귀한다.

(1) 지령방법

$$
G94 \quad \begin{bmatrix} X\_\_\_ \\ U\_\_\_ \end{bmatrix} \quad \begin{bmatrix} Z\_\_\_ \\ W\_\_\_ \end{bmatrix} \quad R\_\_\_ \quad F\_\_\_ \quad ;
$$

(2) 지령 Word 의 의미

① X _ Z _ : 절대 지령에 의한 종점의 좌표입력

② U _ W _ : 증분 지령에 의한 종점의 좌표입력

③ R_ : 단면절삭 사이클 에서 Taper 절삭시 Z 축 기울기량 Taper 절삭시 R 의 부호는 가공의 종점을 기준하여 시작점이 Z 방향으로 "+"방향인지 "−"방향인지 지정한다.

④ F _ : 이송속도 (회전당 이송속도 mm/rev)

(3) 공구경로

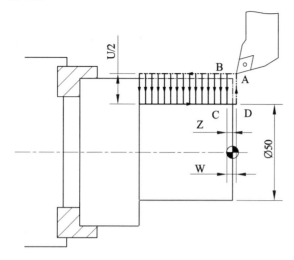

① 내외경절삭 사이클 (G90)과 단면절삭 사이클 (G94)은 절삭가공 순서에 따라서 G90 기능과 G94 기능으로 구분할 수 있다.

② G90 기능은 X 축이 급속절입하고 Z 축이 절삭하는 순서이고 G94 기능은 Z 축이 먼저 급속절입하고 X 축이 절삭가공을 하는 순서이다.

③ 내외경절삭과 단면절삭의 구분은 내외경절삭(길이방향)가공과 단면절삭가공의 구분은 가공방향이 어느쪽이 긴 방향인지에 따라 결정한다 – 긴방향 절삭이 능률적임

2.5.3 나사절삭 사이클 (G92)

공구경로 1 → 2 → 3 → 4의 과정을 1 사이클 로서 1 회 나사가공하고 A 점으로 자동 복귀한다. (반복 절삭가공으로 나사 완성)

(1) 지령방법

$$
\text{G92} \quad \begin{bmatrix} \text{X}\_\_\_ \\ \text{U}\_\_\_ \end{bmatrix} \quad \begin{bmatrix} \text{Z}\_\_\_ \\ \text{W}\_\_\_ \end{bmatrix} \quad \text{R}\_\_\_ \quad \text{F}\_\_\_ \quad ;
$$

(2) 지령 Word 의 의미

① X __ : 절대 지령에 의한 1 회 절입시 나사의 직경지령에 의한 골지름 지정

② U __ : 증분 지령에 의한 1 회 절입시 나사의 직경지령에 의한 골지름 지정

③ Z __ : 절대 지령에 의한 나사 가공길이로 불완전 나사부 포함한 길이로 모따기 끝 지점까지 거리

④ W __ : 증분 지령에 의한 나사 가공길이로 불완전 나사부 포함한 길이로 모따기 끝 지점까지 거리

⑤ R __ : 테이퍼나사 절삭시 반경지령에 의한 X 축 기울기량을 지정

⑥ F __ : 나사의 Lead 지정

(3) 나사 Lead 관계식

$$L = n \times P$$

L : 나사의 Lead

n : 나사의 줄수 (다줄나사의 줄수)

P : 나사의 Pitch

(4) 나사절삭 사이클 의 공구경로

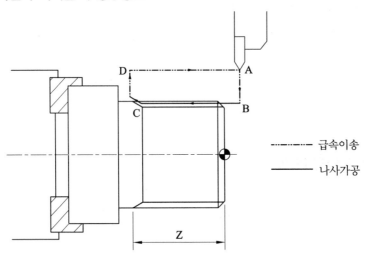

(5) 나사가공 절입 조건표

구분	P	1.00	1.25	1.50	1.75	2.00	2.50	3.00	3.50	4.00
	H2	0.60	0.74	0.86	1.05	1.19	1.45	1.79	2.08	2.38
	H1	0.54	0.68	0.81	0.95	1.08	1.35	1.62	1.89	2.17
	R	0.10	0.13	0.15	0.18	0.20	0.25	0.30	0.35	0.40

절입회수	1	0.25	0.35	0.35	0.35	0.35	0.40	0.40	0.40	0.40
	2	0.20	0.19	0.20	0.25	0.25	0.30	0.35	0.35	0.35
	3	0.10	0.10	0.14	0.15	0.19	0.22	0.27	0.30	0.30
	4	0.05	0.05	0.10	0.10	0.12	0.20	0.20	0.25	0.25
	5		0.05	0.05	0.10	0.10	0.15	0.20	0.20	0.25
	6			0.05	0.05	0.08	0.10	0.13	0.14	0.20
	7				0.05	0.05	0.05	0.10	0.10	0.15
	8					0.05	0.05	0.05	0.10	0.14
	9						0.02	0.05	0.10	0.10
	10							0.02	0.05	0.10
	11							0.02	0.50	0.05
	12								0.02	0.05
	13								0.02	0.02
	14									0.02

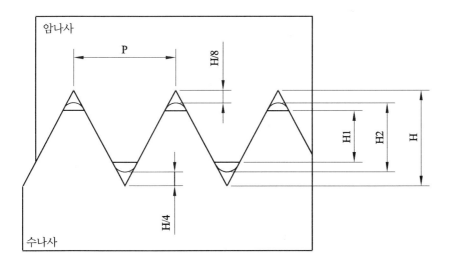

P : 나사의 피치

H1 : 접촉 높이

H2 : 나사산의 높이로 G76 나사절삭 사이클의 절삭 깊이로 적용

(6) 나사절삭 시작점

나사가공의 시작점은 보통 X 축은 4[mm], Z 축은 1 Pitch 떨어진 위치

(7) 테이퍼나사 절삭의 공구경로

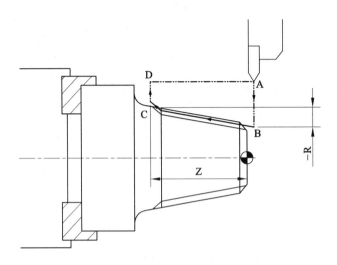

(8) 다줄나사 가공에 관하여

① 원주상에 나사의 가공 시작점이 2 개 이상인 나사를 다줄 나사라고 한다.

② 다줄 나사를 가공할 때는 나사의 시작점 (Z 축의 위치)을 이동한다.

③ 한줄 나사의 형상 완성 – Z 축을 Pitch 만큼 이동 – 다음 한줄 나사 가공

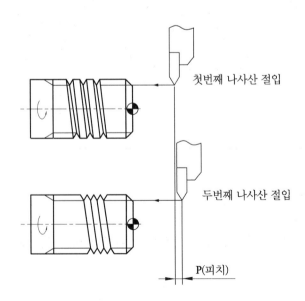

첫번째 나사산 절입

두번째 나사산 절입

P(피치)

(9) 나사절삭 사이클 (G92) 예제 프로그램 작성

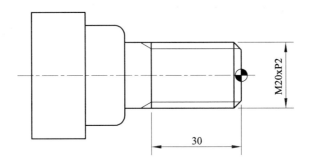

X24. Z2. ;	가공 시작점 (고정 사이클 초기점)
G92 X19.3 Z-32. F2. ;	G92 나사가공 사이클 지령
X18.88 ;	X 축 절입량 지정
X18.42 ;	
X18.18 ;	
X17.98 ;	
X17.82 ;	
X17.72 ;	
X17.62 ;	나사의 골경치수 마지막 절입
G00 X100. Z50. T0500 M09 ;	

2.5.4 복합형 고정 사이클 (G70, G71, G76)

프로그램을 더욱 간단하게 하는 여러 종류의 고정 사이클 이다. 최종 형상의 도면치수와 절입량을 입력하면 공구경로가 자동적으로 결정되어 형상가공 한다.

G-코드	기 능	특 성	비 고
G70	정삭가공 사이클	G70 으로 정삭가공을 할 수 있다	자동 MODE 에서만 실행 가능
G71	내외경황삭 사이클		
G72	단면황삭 사이클		
G73	모방절삭 사이클		
G74	단면홈가공 사이클	G70으로 정삭가공을 할 수 없다	자동, 반자동, MODE에서 실행 가능
G75	내외경홈가공 사이클		
G76	자동나사가공 사이클		

(1) 내외경 황삭 사이클(G71)

내외경 황삭가공을 하는 복합형 고정 사이클로서 최종형상과 절삭조건 등을 지정해 주
면 공구경로는 자동적으로 결정되면서 정삭여유를 남기고 시작점(고정 사이클 초기점)
으로 되돌아 온다.

① 지령방법

```
G71  U___  R___  ;
G71  P___  Q___  U___  W___  F___  ;
N___  G00  X___  ;
     ↓
     ↓
N___  -----  ;
```

② 지령 Word의 의미

    ⓐ U___ : 앞 Block의 U___를 의미하며 X축 방향의 1회 절입량을 반경치로 지정하
며 부호 사용 안한다.

    ⓑ R___ : X축 도피량(후퇴량)

    ⓒ P___ : 고정 사이클의 구역을 지정하는 고정 사이클 시작 Block의 전개 번호

    ⓓ Q___ : 고정 사이클의 구역을 종료하는 고정 사이클 종료 Block의 전개 번호

    ⓔ U___ : 뒤 Block의 U___를 의미하며 X축 방향의 정삭여유를 지정하며 직경치로
지정한다.

    ⓕ W___ : Z축 방향의 정삭여유를 지정한다.

    ⓖ F___ : 황삭 이송속도(Feed) 지정

③ 내외경황삭 사이클(G71)의 공구경로

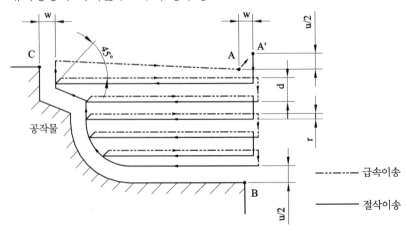

④ 내외경 황삭 사이클 특징

    ⓐ G71 윗쪽 Block 에서의 U 지령과 G71 아래 Block 에서의 U 지령의 구분은 P 와 Q 가 지령된 Block 을 보고 판단할 수 있다.

    ⓑ G71 사이클 의 구역 안에 (P 고정 사이클 시작 전개번호 부터 Q 고정 사이클종료 전개번호 Block 까지) 지령된 F___ , S___ , T___ 는 황삭 사이클 실행 중에는 무시되고 정삭 사이클 에서만 실행한다.

    ⓒ G71 사이클 을 시작하는 최초 Block 에서는 Z 를 지령할 수 없다.

       최초의 Block 에 G00 X 를 지령하면 X 축 절입이 급속이송이 되고

       G01 X 지령을 하면 X 축 절입이 절삭이송이 된다.

    ⓓ 고정 사이클 지령 후 최후의 Block 에는 자동 모따기 및 코너 R 지령을 할 수 없다.

    ⓔ 고정 사이클 실행 도중에 보조 프로그램 지령은 할 수 없다.

    ⓕ G71 은 황삭 사이클 이지만 정삭여유 (U, W)를 지령하지 않으면 완성치수로 가공할 수 있다.

    ⓖ G71 U2.5 R0.5 ;

       G71 P1 Q2 F0.2 ;

       → U, W의 정삭여유 지령을 생략하면 정삭 여유 없이 황삭 가공에서 정치수로 가공 한다.

⑤ 내외경 황삭 사이클 의 예제 프로그램

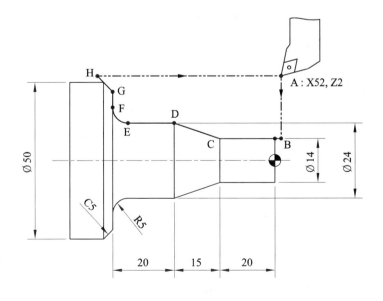

```
N10      G00 X52. Z2. ;                           고정 사이클 초기점(시작점)
N20      G71 U2.5 R0.5 ;
N30      G71 P40 Q100 U0.4 W0.2 F0.2 ;      N40 ~ N100 까지 고정 사이클
N40      G00 X14. ;
N50      G01 Z-20. ;
N60          X24. Z-35. ;
N70              Z-50. ;
N80      G02 X29. Z-55. R5. ;
N90      G01 X40. ;
N100         X50. Z-60. ;
N110     ↓
             ↓
             ↓
```

(2) 정삭 사이클(G70)

G71, G72, G73 으로 황삭가공 완료후 G70 기능으로 정삭 가공

① 지령방법

```
G70   P___   Q___   F___ ;
```

② 지령 Word 의 의미

    ⓐ P___ : 황삭 가공에서 지령한 고정 사이클 시작 Block 의 전개 번호

    ⓑ Q___ : 황삭 가공에서 지령한 고정 사이클 종료 Block 의 전개 번호

    ⓒ F___ : 정삭 이송속도 (Feed) 지정

③ 정삭 사이클 관련 지식

    ⓐ 황삭 사이클 의 구역 안에 (P 고정 사이클 시작 전개번호 부터 Q 고정 사이클 종료 전개번호 사이클 까지) 지령된 F___, S___ 는 황삭 사이클 실행 중에는 무시 되고 정삭 사이클 에서 실행되지만 지령되어 있지 않으면 G70 사이클 에서 지령 된 F, S 값이 Modal 로 실행된다.

    ⓑ 정삭 사이클 이 완료되면 황삭 사이클 과 마찬가지로 초기점으로 복귀하게 된다. 초기점으로 복귀할 때 간섭 (충돌) 을 피하기 위하여 초기점 설정은 황삭의 초기 점과 동일하게 설정하면 안전하다.

    ⓒ 정삭 사이클 지령은 반드시 황삭 가공 바로 다음 사이클 에 지령할 필요는 없고, 정삭공구를 선택하여 지령하는 것이 좋다.

    ⓓ 정삭 사이클 을 실행하면 위쪽으로 황삭의 전개 번호를 찾아서 실행한다.

ⓔ 하나의 프로그램 안에 2개 이상의 황삭 고정 사이클을 사용할 때는 정삭 사이클
에서의 구분을 위하여 Sequence 번호를 다르게 지령해야 한다.

(3) 자동나사가공 사이클 (G76)

나사를 가공하는 복합형 고정 사이클 로서 G32, G92 나사가공 기능과는 차이가 있다.
나사의 최종골경과 절입 조건 등을 2 Block 으로 지령하여 자동적으로 나사를 완성 가공
할 수 있는 기능이다.

① 지령방법

ⓐ 절대 지령

```
G76  P mra   Q dmin   R d  ;
G76  X___  Z___   P___   Q___   R___   F___  ;
```

ⓑ 증분 지령

```
G76  P mra   Q dmin   R___  ;
G76  U___   W___   P___   Q___   R___   F___  ;
```

② 지령 Word 의 의미

ⓐ P mra : 이 지령은 P이하 6단 지령으로 2단씩 각각의 의미는 아래와 같고 6단을
동시에 지령한다.

- m : 정삭 반복횟수 지정(예 : 1회 정삭)
- r : 불완전 나사부 1 피치로 Chamfering 량을 의미(예 : 45°)
- a : 나사산의 각도(예 : 삼각나사는 60)
[예] P011060

ⓒ m : 정삭 반복횟수의 지정 (1~99회까지 지정 가능하다)

ⓓ r : Chamfering 량 지정

나사가공 마지막 부위의 불완전나사부를 가공하는 량을 지령.

나사의 Lead 를 L로 하여 0.0 x L ~ 9.9 x L 까지 지령 가능.

소숫점은 지령할 수 없으며 r = 10 을 지령하면 45도 각도로 후퇴

ⓔ a : 나사산의 각도(나사의 절입각도) 지정

지령할 수 있는 각도 80°, 60°, 55°, 30°, 29°, 0°, 이다

ⓕ Q_dmin : 최소 절입량 지정 (작아지는 량의 하한치 값을 지령)

ⓖ R_d : 정삭여유 지정

ⓗ X___ : 나사가공의 최종 골경을 지정

ⓘ W___ : 나사가공 길이를 지정으로 나사가공이 끝나는 지점은 Chamfering 끝나는 지점이므로 완전나사부의 길이와 Chamfering 량을 합한 값을 지령한다.

※ 완전나사부의 길이가 20[mm]이고 피치가 2[mm]일 때의 지령 방법

→ 20 + 2 = 22 (Z-22.)

ⓙ P___ : 나사산의 높이 지정

ⓛ Q___ : 최초 절입량

ⓜ R___ : 테이퍼나사 가공시 기울기 량을 지령한다.(생략하면 직선나사)

ⓝ F___ : 나사의 Lead 지정

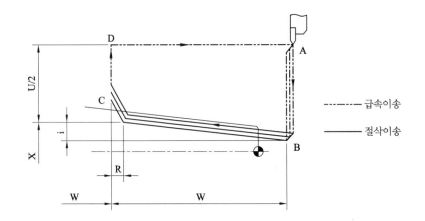

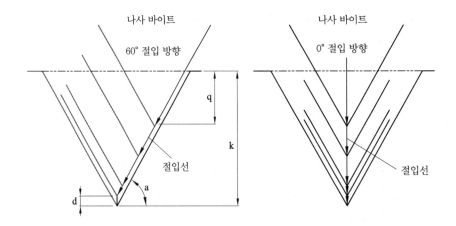

③ 복합형 고정 사이클 (G70~G76) 의 공통 주의사항

  ⓐ G70~G73 기능은 반자동 (MDI)에서 지령할 수 있다.

  ⓑ G74~G76 기능은 반자동 (MDI)에서 지령할 수 있다.

  ⓒ 복합형 고정 사이클 은 한 Block 지령으로 실행할 수 있다.

  ⓓ G70~G73 사이의 P~Q Block 중에는 다음 내용은 지령할 수 없다

    G04 를 제외한 One Shot G-Code

    G00, G01, G02, G03 을 제외한 "01" Group 의 G-Code

    "06"Group 의 G-Code

    M09, M99

  ⓔ 복합형 고정 사이클 실행도중 수동개입이 가능하나 재개하려면 반드시 개입전 지
    점으로 이동 후 재개해야 한다.

2.6 CNC 선반 프로그램

CNC 선반 가공 1

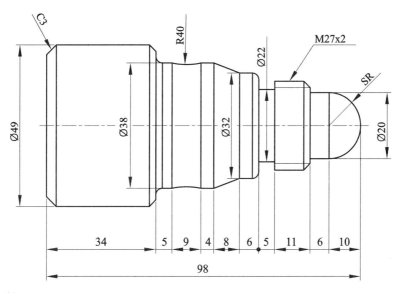

| 주서 |
 1. 도시되고 지시되지 않은 라운드 R2
 2. 도시되고 지시없는 모따기 C2

공구 번호	공구	비 고
T01	황삭 바이트	
T03	정삭 바이트	
T05	홈 바이트	3[mm]
T07	나사 바이트	

(황삭 가공-T01)

```
O5001 ;
G28 U0. W0. ;                    (원점복귀)
T0100 ;                          (1번 공구로 교환, 보정 취소)
G50 X300. Z385. S1800 ;          (공작물좌표계 지정 및 최대회전수 지정)
G96 S170 M03 ;                   (주축 속도 일정제어)
G00 X52. Z0. T0101 M08 ;   (X52. Z0.까지 급속이송, 1번 보정 설정, 절삭유 ON)
G01 X-2. F0.2 ;
G00 X52. Z1. ;
G71 U1. R1. ;
G71 P10 Q20 U0.4 W0.2 F0.2 ;
N10 G00 X0. ;
G01 Z0. G42 ;
G03 X20. W-10. R10. ;
G01 W-6. ;
X23. ;
X27. ;
W-2. ;
W-14. ;
X28. ;
G03 X32. W-2. R2. ;
G01 W-4. ;
X38. W-8. ;
W-16. ;
G02 X42. W-2. R2. ;
G01 X45. ;
X49. W-2. ;
N20 G00 X52. ;
G40 G00 X150. Z150. T0100 M09 ;
M05 ;
```

(정삭 가공—T03)

  T0300 ;

  G50 S2000 ;

  G96 S130 ;

  M03 ;

  G00 X52. Z1. T0303 M08 ;

  X-2. ;

  G42 G01 Z0. F0.1 ;

  G00 X54. Z2. ;

  G70 P10 Q20 F0.15 ;

  G00 X52. ;

  Z-50. ;

  X40. ;

  G01 X38. ;

  G02 W-9. R40. ;

  G01 X45. ;

  G00 X52. ;

  G40 X150. Z150. T0300 M09 ;

  M05 ;

(홈 가공—T05)

  T0500 ;

  G50 S500 ;

  G97 S500 M03 ;

  G00 X52. Z-32. T0505 M08 ;

  X35. ;

  G01 X22. F0.08 ;

  G04 P1000 ;

  G00 X35. ;

  W1. ;

  G01 X22. ;

  G04 P2000 ;

  G00 X40. ;

  X150. Z150. T0500 M09 ;

  M05 ;

(나사 가공-T07)

T0700 ;

G97 S500 M03 ;

G00 X31. Z-14. T0707 M08 ;

G76 P011060 Q50 R20 ;

G76 X24.62 Z-30. P1190 Q350 F2. ;

G00 X150. Z150. T0700 M09 ;

M05 ;

M02 ;

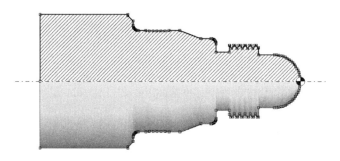

CNC 선반 가공 2

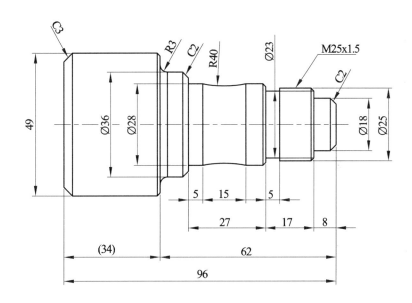

| 주서 |
  1. 도시되고 지시되지 않은 라운드 R1
  2. 도시되고 지시없는 모따기 C1

공구 번호	공구	비 고
T01	황삭 바이트	
T03	정삭 바이트	
T05	홈 바이트	3[mm]
T07	나사 바이트	

(황삭 가공-T01)

O5002 ;

G28 U0. W0. ;

T0100 ;

G50 X300. Z385. S1800 ;

G96 S170 M03 ;

G00 X52. Z0.1 T0101 M08 ;

G01 X-2. F0.2 ;

G00 X52. Z71. ;

G71 U1. R1. ;

G71 P10 Q20 U0.4 W0.2 F0.2 ;

N10 G00 X14. ;

G01 Z0. G42 ;

X18. W-2. ;

Z-8. ;

X23. ;

X25. W-1. ;

Z-25. ;

X26. ;

X28. W-1. ;

Z-52. ;

X32. ;

X36. W-2. ;

W-5. ;

G02 X42. W-3. R3. ;

G01 X47. ;

X49. W-1. ;

N20 G00 X52. ;

G40 G00 X150. Z150. T0100 M09 ;

M05 ;

T0300 ;

G05 S2000 ;

G96 S130 M03 ;

G00 X52. Z0. T0303 M08 ;

G01 X-2. F0.1 ;

G00 X52. Z2. ;

G70 P10 Q20 F0.15 ;

G00 X52. ;

Z-32. ;

X30. ;

G01 X28. ;

G02 W-15. R40. ;

G01 X30. ;

G00 X52. ;

G40 X150. Z150. T0300 M09 ;

T0500 ;

G50 S500 ;

G97 S500 M03 ;

G00 X52. Z-25. M08 T0505 ;

X35. ;

G01 X22. F0.08 ;

G04 P2000 ;

G00 X35. ;

W1. G01 X22. ;

G04 P2000 ;

G00 X40. ;

X15. Z15. T0500 M09 ;

M05 ;

T0700 ;

G97 S500 M03 ;

G00 X29. Z-6. T0707 M08 ;

G76 P011060 Q50 R20 ;

G76 X23.22 Z-23. P890 Q350 F1.5 ;

G00 X150. Z150. T0700 M09 ;

M05 ;

M02 ;

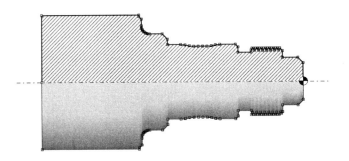

CNC 선반 가공 3

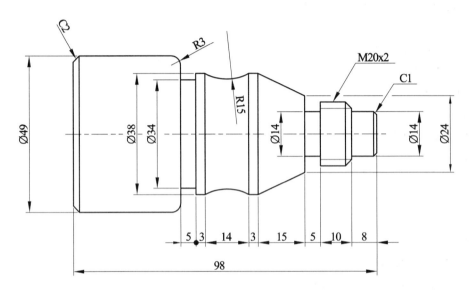

| 주서 |
  1. 도시되고 지시되지 않은 라운드 R1
  2. 도시되고 지시없는 모따기 C1

공구 번호	공구	비 고
T01	황삭 바이트	
T03	정삭 바이트	
T05	홈 바이트	3[mm]
T07	나사 바이트	

(황삭 가공-T01)

O5003 ;

G28 U0. W0. ;

T0100 ;

G50 X300. Z385. S1800 ;

G96 S170 M03 ;

G00 X52. Z0. T0101 M08 ;

G01 X-1. F0.2 ;

G00 X52. Z1. ;

G71 U1. R1. ;

G71 P10 Q20 U0.4 W0.2 F0.2 ;
N10 G00 X12. ;
G01 Z0. G42 ;
G01 X14. W−1. ;
W−8. ;
X16. ;
X20. W−2. ;
Z−23. ;
X24. ;
X38. W−15. ;
W−25. ;
X43. ;
G03 X49. W−3. R3. ;
N20 G00 X52. ;
G40 G00 X150. Z150. T0100 M09 ;
M05 ;

T0300 ;
G50 S2000 ;
G96 S130 M03 ;
G00 X52. Z0. T0303 M08 ;
G01 X−2. F0.1 ;
G00 X52. Z1. ;
G70 P10 Q20 F0.15 ;
G00 X52. ;
Z−41. ;
X40. ;
G01 X38. ;
G02 W−14. R15. ;
G01 X38. ;
G00 X52. ;
G40 X150. Z150. T0300 M09 ;
M05 ;

T0500 ;
G50 S500 ;

```
G97 S500 M03 ;
G00 X52. Z-23. M08 T0505 ;
X25. ;
G01 X14. F0.08 ;
G04 P2000 ;
G00 X25. ;
W1. ;
G01 X14. ;
G04 P2000 ;
G00 X40. ;
X45. ;
Z-63. ;
X40. ;
G01 X34. ;
G04 P2000 ;
G00 X40. ;
W1. ;
G01 X34. ;
G04 P2000 ;
G00 X40. ;
X15. Z150. T0500 M09 ;
M05 ;

T0700 ;
G97 S500 M03 ;
G00 X24. Z-6. T0707 M08 ;
G76 P011060 Q50 R20 ;
G76 X17.62 Z-20. P1190 Q350 F2. ;
G00 X15. Z150. T0700 M09 ;
M05 ;
M02 ;
```

CNC 선반 가공 4

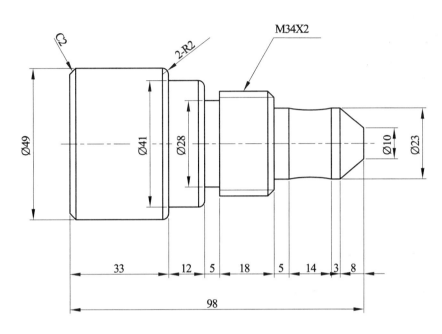

M34X2

2-R2

Ø49 Ø41 Ø28 Ø10 Ø23

33 12 5 18 5 14 3 8

98

|주서|
  1. 도시되고 지시되지 않은 라운드 R2
  2. 도시되고 지시없는 모따기 C2

공구 번호	공구	비 고
T01	황삭 바이트	
T03	정삭 바이트	
T05	홈 바이트	3[mm]
T07	나사 바이트	

(황삭 가공-T01)

O5004 ;

G28 U0. W0. ;

T0100 ;

G50 X300. Z385. S1800 ;

G96 S180 M03 ;

G00 X52. Z0. T0101 M08 ;

G01 X-2. F0.2 ;

```
G00 X52. Z1. ;
G71 U1. R1. ;
G71 P10 Q20 U0.4 W0.2 F0.2 ;
N10 G00 X10. ;
G01 Z0. G42 ;
G01 X23. W-8. ;
W-22. ;
X30. ;
X34. W-2. ;
W-21. ;
X37. ;
G03 X41. W-2. R2. ;
G01 W-10. ;
X45. ;
G03 X49. W-2. R2. ;
N20 G00 X52. ;
G40 G00 X150. Z150. T0100 M09 ;
M05 ;

T0300 ;
G50 S2000 ;
G96 S130 M03 ;
G00 X52. Z0. T0303 M08 ;
G01 X-2. F0.1 ;
G00 X52. Z1. ;
G70 P10 Q20 F0.15 ;
G00 X30. ;
Z-11. ;
X25. ;
G01 X23. ;
G02 W-14. R40. ;
G01 X23. ;
G00 X52. ;
G40 X150. Z150. M09 ;
M05 ;
```

T0500 ;
G50 S500 ;
G97 S500 M03 ;
G00 X52. Z-53. T0505 M08 ;
X42. ;
G01 X28. F0.08 ;
G04 P2000 ;
G00 X38. ;
W1. ;
G01 X28. ;
G04 P2000 ;
G00 X40. ;
X150. Z150. T0500 M09 ;
M05 ;

T0700 ;
G97 S500 M03 ;
G00 X36. Z-28. T0707 M08 ;
G76 P011060 Q50 R20 ;
G76 X31.62 Z-50. P1190 Q350 F2. ;
G00 X150. Z150. T0700 M09 ;
M05 ;
M02 ;

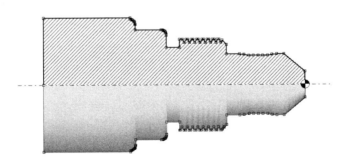

CNC 선반 가공 5

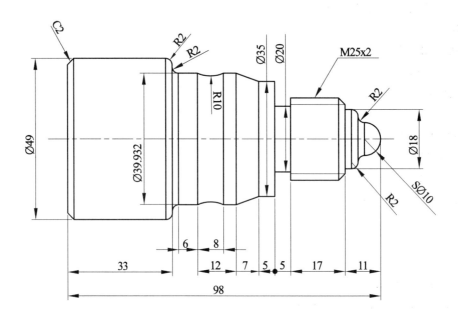

|주서|
  1. 도시되고 지시되지 않은 라운드 R2
  2. 도시되고 지시없는 모따기 C2

공구 번호	공구	비 고
T01	황삭 바이트	
T03	정삭 바이트	
T05	홈 바이트	3[mm]
T07	나사 바이트	

(황삭 가공-T01)

O5005 ;

G28 U0. W0. ;

T0100 ;

G50 X300. Z385. S1800 ;

G96 S180 M03 ;

G00 X52. Z0. T0101 M08 ;

G01 X-2. F0.2 ;

G00 X52. Z1. ;

G71 U1. R1. ;
G71 P10 Q20 U0.4 W0.2 F0.2 ;
N10 G00 X0. ;
G01 Z0. G42 ;
G03 X10. W-5. R5. ;
G02 X14. W-2. R2. ;
G03 X18. W-2. R2. ;
G01 W-2. ;
X21. ;
X25. W-2. ;
Z-33. ;
X35. ;
W-5. ;
X40. W-5. ;
W-18. ;
G02 X44. W-2. R2. ;
G01 X45. ;
G03 X49. W-2. R2. ;
N20 G00 X52. ;
G40 G00 X150. Z150. T0100 M09 ;
M05 ;

T0300 ;
G50 S2000 ;
G96 S130 M03 ;
G00 X52. Z0. T0303 M08 ;
G01 X-2.F0.1 ;
G42 G01 Z0. ;
G00 X54. Z2. ;
G70 P10 Q20 F0.15 ;
G00 X45. ;
Z-49. ;
G01 X40. ;
G02 W-8. R10. ;
G01 X40. ;
G00 X52. ;

G40 X150. Z150. T0300 M09 ;
M05 ;

T0500 ;
G50 S500 ;
G97 S500 M03 ;
G00 X38. Z-33. M08 T0505 ;
X35. ;
G01 X20. F0.08 ;
G04 P2000 ;
G00 X28. ;
W1. ;
G01 X20. ;
G04 P2000 ;
G00 X40. ;
X15. Z15. T0500 M09 ;
M05 ;

T0700 ;
G97 S500 M03 ;
G00 X27. Z-9. T0707 M08 ;
G76 P011060 Q50 R20 ;
G76 X22.62 Z-30. P1190 Q350 F2. ;
G00 X150. Z150. T0700 M09 ;
M05 ;
M02 ;

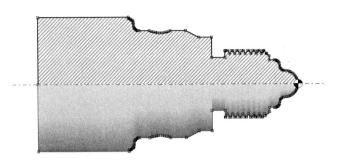

머시닝센터

3.1 머시닝센터

NC밀링은 범용 수동밀링에 컴퓨터가 제어하는 서보 모터에 의해 제어 되도록 한 것으로 주축의 회전과 X축, Y축, Z축의 이동을 자동 제어한다. 하지만 절삭공구를 교환하면 절삭 공구의 직경, 길이에 따라 가공이 달라지게 된다. 절삭공구 교환하면 공구에 대하여 세팅을 새로 해야 하며, 공구 교환도 작업자가 수동으로 교환한다. 머시닝센터는 NC밀링에 공구 매거진에 사용한 공구를 장착하고 주축에 고정되어 있는 공구를 다음 가공에 사용될 공구로 매거진에서 자동으로 교환하여 주는 장치인 자동공구교환장치(ATC : Automatic Tool Changer)를 부착한 것이 라고 할 수 있다.

또한 가공이 완료되면 CNC공작기계는 정지하고 클램핑된 제품을 꺼내고 새로운 공작물을 설치하게 된다. 공작물이 교체되는 시간동안 CNC공작기계는 멈춰있게 된다. 이런 시간을 없애기 위하여 기계의 작업중에 테이블 옆의 다른 팰릿에 작업물을 고정하고 작업이 끝나면 바로 팰릿을 교환하여 기계가 멈춰있는 시간을 최소로 하는 장치가 공작물 교환 장치(APC : Automatic Pallet Changer)이다. 팰릿 교환 시간은 몇 초면 가능하므로 리드 타임을 줄일 수 있어 생산성 향상에 도움을 준다.

입력전원 및 접지는 KS규격에 의거하여 입력전원 및 접지설치는 충분하게 확보한다.

3.1.1 머시닝센터 구조

(1) 자동공구교환장치

자동공구교환장치(ATC : Automatic Tool Changer)는 회전하는 공구대에 공구를 장착해 두고, 가공 작업 시 필요한 공구를 선택하여 주축에 해당 공구를 제공하는 역할을 수행한다.

| 자동공구교환장치 | | 주축 | | 테이블과 바이스 |

(2) 주축

주축은 절삭공구를 고정하고 공구를 회전 시켜주는 역할을 한다.

(3) 테이블과 바이스

테이블은 지그와 밀링 바이스를 고정하고 이들 장치에 공작물을 고정시키는 역할을 한다.

(4) 컨트롤러

컨트롤러는 데이터의 입출력과 기계의 수동 및 자동조작에 필요한 모든 스위치가 모여 있는 패널로 기계의 ON/OFF, 프로그램들을 입력, 수정 등을 할 수 있는 여러 개의 스위치들로 구성되어 있어 기계를 조작하는 역할을 수행하는 판넬이다. 이를 통하여 머시닝센터를 조작하게 됩니다.

3.1.2   머시닝센터의 좌표계

머시닝센터의 좌표계는 EIA, ISO, KS 규격으로 규정하였다.

① NC 공작기계에서는 일반적으로 오른손 좌표계를 기준으로 사용한다.

② 공작물의 클램핑과 절삭공구의 운동을 제어하는 프로그래밍을 CNC프로그래밍이라고 한다.

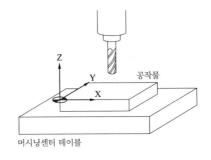

머시닝센터 테이블

3.2 머시닝센터 프로그래밍

3.2.1 준비기능(G 코드)

준비기능은 NC 지령절의 제어기능(동작)을 준비시키기 위한 기능으로 G 기능 이라고 하며 Address "G"이하 2 단위의 수치로 구성된다.

(1) G-Code의 종류

① One Shot G-Code : 지령된 Block에 한해서만 적용되는 기능이다.("00"Group)
② Modal G-Code : 동일 Group의 다른 G-Code가 나올 때까지 연속해서 적용되는 기능이다.("00"이외의 Group)

(2) One Shot G-Code 와 Modal G-Code의 사용방법

G01 X100. F0.25 ; → G01 지령으로 X=100mm으로 이동한다.
   Z50. ; → G 지령이 없으므로 윗줄의 G01 지령이 적용된다.
          G01 상태로 Z=50mm으로 이동한다.
   X150. Z200. ; → G지령이 없으므로 윗줄의 G01 지령이 적용된다.
          G01 상태로 X=150mm, Z=200mm으로 이동한다.
G00 X200. ; → G 지령이 입력 되었으므로 G01 지령이 해제되고 G00 지령으로 X=200mm으로 이동한다.
G04 P1000 ; → 이 Block 에서만 G04 유효한다. (1초간 휴지 사간)
   X100. ; → G지령이 없으므로 윗줄의 G00 상태로 X=100mm으로 이동한다.

(3) G-Code 관련 참고 사항

① G-Code 일람표에 없는 G-Code를 지령하면 Alarm 이 발생한다.
② G-Code는 Group이 다르면 몇 개라도 동일 Block에 지령할 수 있다.
③ 동일 Group이 G-Code를 같은 Block 에 2개 이상 지령한 경우 뒤에 지령된 G-Code가 유효하다.
④ G-Code는 각각 Group 번호 별로 표시되어 있다.
⑤ ✔표시 기호는 전원 투입시 ✔표시 기호의 기능 상태로 된다.

⑥ G – Code 일람표

G-코드	그룹	기 능	지령 방법	비 고
✔00	01	급속위치결정	GOO G90 X_ Y_ Z ; G91	
✔G01		직선보간(절삭)	GO1 G90 X_ Y_ Z_ F ; G91	
G02		원호보간(시계방향)	G02G03G90　　　R_ X_Y_Z_A_B_F:	
G03		원호보간(반시계방향)	GO2 GO3 G90　　　R_ X_Y_Z_A_B_F:	
G04	00	드웰(정지시간지령)	GO4 X: P:	
G09		EXACT STOP	GO9절삭이동 지령	
G10		데이터 설정	G10 L_P_X_Z_: P_R_	
✔G15	17	극좌표지령 무시	G15 X0.Y0.Z0.:	
G16		극좌표지령	G15 G90 X_Y_Z_:	
✔G17	02	X-Y 평면	G17	
G18		Z-X 평면	G18	
G19		Y-Z 평면	G19	
G20	06	INCH 입력	G20	
G21		metrih 입력	G21	
G22	04	금지영역 설정	G22 X_Y_Z_I_J_K_K:	
✔G23		금지영역 설정 무시	G23	
G27	00	원점복귀check	G27 G90 X_Y_Z_: G91	
G28		기계원점 복귀	G28 G90 X_Y_Z_: G91	
G30		제 2,3,4원점 복귀	G30 P_ G90 X_Y_Z_: G91	
G31		skip 기능	G31 P_G90 X_Y_Z_: G91	
G33	01	나사 절삭	G33 G90 Z_F_:	
G37	00	자동길이공구측정	G37 G90Z_:	

G-코드	그룹	기 능	지령 방법	비 고
✔G40	07	공구보정 무시	G40	
G41		공구경보정 좌측	G41 D_급속 또는 직선보간:	
G42		공구경보정 우측	G42 D_급속 또는 직선보간:	
G43	08	공구길이 + 보정	G43 Z_H_:	
G44		공구길이 − 보정	G44 Z_H__:	
✔G49		공구길이 보정 무시	G49 Z_:	
✔G50		스켈링,미러기능 무시	G5O:	
G51		스켈링,미러기능	G51 X_Y_Z_P_: X_Y_Z_I_K:	
G52	00	로컬 좌표계 설정	G52 G90X_Y_Z_:	
G53		기계좌표계 선택	G53 G90X_Y_Z_:	
✔G54	14	공작물좌표계 1번 선택	G54 G90X_Y_Z_;	
G55		공작물좌표계 2번 선택	G55 G90X_Y_Z_;	
G56		공작물좌표계 3번 선택	G56 G90X_Y_Z_;	
G57		공작물좌표계 4번 선택	G57 G90X_Y_Z_;	
G58		공작물좌표계 5번 선택	G58 G90X_Y_Z_;	
G59		공작물좌표계 6번 선택	G59 G90X_Y_Z_;	
G60	00	한방향 위치 결정	G60 G90X_Y_Z_; G91	
G61	15	EXACT stop 모드	G61 절삭 지령:	
G62		자동코너 오버라이드	G62 절삭 지령:	
✔G64		연속 절삭 모드	G64 절삭 지령:	
G65	00	매크로 호출	G65 P_;	
G66	12	매크로 모달 호출	G66 P_;	
✔G67		매크로 모달 호출 무시	G67 ;	
G68	16	좌표회전	G68 G90 α_β_R_	
✔G69		좌표회전 무시	G69:	

G-코드	그룹	기 능	지령 방법	비 고
G73	09	고속 심공드릴 G17 : XY사이클	G73G90G98X_Y_Z_R_Q_F_K G91G99	
G74		왼나사 탭 G17 : XY사이클	G74G90G98X_Y_Z_R_F_K G91G99	
G76		정밀 보링 G17 : XY사이클	G76G90G98X_Y_Z_R_Q_F_K G91G99	
✔G80		고정 G17 : XY사이클 취소	G80:	
G81		드릴 G17 : XY사이클	G81G90G98X_Y_Z_R_F_K G91G99	
G82		카운트 G17 : XY사이클	G82G90G98X_Y_Z_R_P_F_K G91G99	
G83		심공 드릴 G17 : XY사이클	G83G90G98X_Y_Z_R_Q_F_K G91G99	
G84		탭 G17 : XY사이클	G84G90G98X_Y_Z_R_F_K G91G99	
G85		보링 G17 : XY사이클	G85G90G98X_Y_Z_R_F_K G91G99	
G86		보링 G17 : XY사이클	G86G90G98X_Y_Z_R_F_K G91G99	
G87		백보링 G17 : XY사이클	G87G90G98X_Y_Z_R_Q_F_K G91G99	
G88		보링 G17 : XY사이클	G88G90G98X_Y_Z_R_P_F_K G91G99	
G89		보링 G17 : XY사이클	G89G90G98X_Y_Z_R_F_P_K G91G99	
✔G90	03	절대 지령	G90 이동 지령	
✔G91		상대 지령	G91 이동지령	
G92	00	공작물 좌표계 설정	G92 G90X_Y_Z_S_	
✔G94	05	분당 이송	G94절삭이송	
G95		회전당 이송	G95절삭이송	
G96	13	주속일정 제어	G96S_	
✔G97		주속일정 제어 무시	G97S_	
✔G98	10	고정 G17 : XY사이클초기점 복귀	G고정 G17 : XY사이클 기능 G98고정G17 : XY사이클데이타	
G99		고정 G17 : XY사이클R점 복귀	G고정G17 : XY사이클 기능 G99고정G17 : XY사이클 데이타	

3.2.2 보간 기능

(1) 평면선택 (G17, G18, G19)

일반적으로 3축 머시닝 센터에서는 공작물을 XY 평면 위에 바이스 등으로 고정한다. 고정된 공작물은 XY평면, ZX평면, YZ평면을 갖게 된다. 이러한 평면을 G코드로 선택하여 작압 평면으로 지정할 수 있다.

① G17 : X, Y평면 선택

② G18 : Z, X평면 선택

③ G19 : Y, Z평면 선택

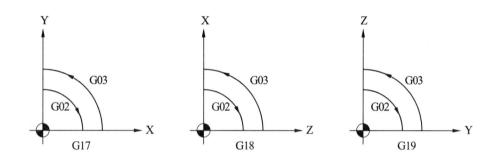

※ 전원을 ON 시키거나 실행 프로그램종료(M02) 실행 후에는 G17 평면이 기본평면으로 선택된다.

(2) 급속 위치결정 (G00)

지정한 절대 좌표 또는 증분 좌표를 종점으로 기존 위치에서 종점으로 파라미터에 정해둔 급속이송속도로 이동한다.

① 지령방법

$$
\begin{bmatrix} G90 \\ G91 \end{bmatrix} \quad G00 \quad X\_\_\_ \quad Y\_\_\_ \quad Z\_\_\_\_ \quad ;
$$

② 지령 Word 의 의미

    ⓐ G90 : 절대 지령

    ⓑ G91 : 증분(상대) 지령

    ⓒ X : X축 좌표로 급속 이동 종점

    ⓓ Y : Y축 좌표로 급속 이동 종점

ⓔ Z : Z축 좌표로 급속 이동 종점

③ A → B → C점으로 이동하는 절대 및 증분 프로그램

ⓐ 절대지령

G90 G00 X50. Y90. ;

            X100. Y90. ;

ⓑ 증분지령

G91 G00 X-50. Y40. ;

            X50. Y0. ;

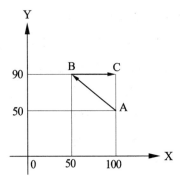

④ 직선형 위치결정과 비직선형 위치 결정

다음 NC 프로그램은 증분 좌표로 X축으로 -60, Z축으로 -30을 급속 이동하게 된다. 이때, 공구의 이동 경로를 살펴보면 다음의 그림처럼 직선형과 비직선형 두가지 경로를 갖게 된다.

G91   G00   X-60. Z-30. ;

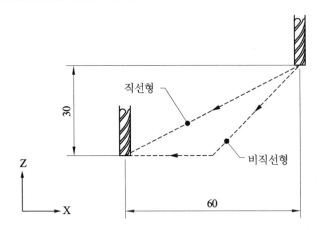

ⓐ 직선형 이동경로 : 이동 거리가 X축으로 -60, Z축으로 -30으로 X축과 Z축의 서버 모터가 연동하여 최종 목적지까지 회전속도를 조절하여 동시에 도착하며 회전이 중지하게 되었을 때는 앞의 그림처럼 시작점에서 종착점까지 직선으로 움직이게 된다.

ⓑ 비직선형 이동경로 ; 이동 거리가 X축으로 -60, Z축으로 -30으로 X축과 Z축의 서버 모터가 각각 이동 거리만큼 동일 회전수로 회전하다가 먼저 도착하는 Z축

서버모터가 정지하고 이어 도착하는 X축 모터가 정지하게 되면 앞의 그림처럼 시작점에서 종착점까지 굴곡이 있는 비직선형으로 움직이게 된다.

일반적으로 급속이동의 이동경로는 기계의 파라미터에 비직선형으로 설정되어 있다. 급속 이동속도는 CNC공작기계의 서보모터, 볼 스크류 및 새들 등의 기계 강성도에 알맞게 설정 되어 있으므로 변경하려면 제작업체와 충분한 협의가 있어야 한다.

(3) 직선보간 (G01)

지정한 절대 좌표 또는 증분 좌표를 종점으로 기존 위치에서 종점으로 지정한 이송속도 직선으로 절삭한다.

① 지령방법

$$\begin{bmatrix} G90 \\ G91 \end{bmatrix} \quad G01 \quad X\_\_\_ \quad Y\_\_\_ \quad Z\_\_\_ \quad F\_\_\_ \quad ;$$

② 지령 Word 의 의미

ⓐ X : X축의 이동종점의 좌표

ⓑ Y : Y축의 이동종점의 좌표

ⓒ Z : Z축의 이동종점의 좌표

ⓓ F : 이송속도 (분당 이송속도 mm/min)

※ 이송속도에는 분당 이송속도[mm/min]와 회전당 이송[mm/rev]이 있으나 머시닝센터에서는 분당 이송속도를 사용한다. CNC 선반에서는 회전당 이송이 많이 사용된다.

③ A → B → C점으로 이동하는 절대 및 증분으로 프로그램

ⓐ 절대지령

G90 G01 X100. Y90. F100 ;

      X100. Y50. ;

ⓑ 증분지령

G91 G01 X50. Y40. F100 ;

      X0. Y-40. ;

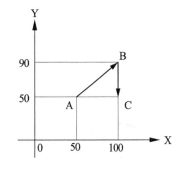

(4) 원호보간 (G02, G03)

지령된 시점에서 종점까지를 반경 R 또는 I , J 값의 크기로 F의 이송속도로 원호를 가공한다.

절삭 공구의 가공 회전 방향은 G02는 시계방향(C.W, Clock Wise)이고 G03은 반시계방향(C.C.W, Counter Clock Wise)을 의미한다.

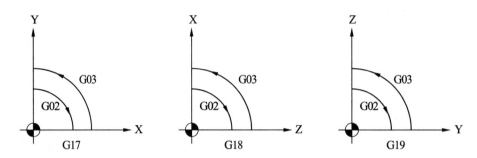

① R 지령에 의한 원호 지령방법

$$\begin{bmatrix} G90 \\ G91 \end{bmatrix} \begin{bmatrix} G02 \\ G03 \end{bmatrix} X\_\_ \quad Y\_\_ \quad \begin{bmatrix} R\_\_\_ \\ R-\_\_\_ \end{bmatrix} F\_\_ \; ;$$

ⓐ G02 : 시계방향(C.W, Clock Wise)

ⓑ G03 : 반시계방향(C.C.W, Counter Clock Wise)

ⓒ X : X축 원호의 종점 좌표

ⓓ Y : Y축 원호의 종점 좌표

ⓔ R : 180°이하의 내각의 갖는 원호반경

ⓕ -R : 180°초과하는 내각의 갖는 원호반경

ⓖ F : 이송속도 (분당 이송속도 mm/min)

② R 지령에 의한 원호 지령방법 적용-1

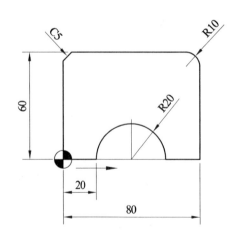

G90; (절대지령)

G00 X0. Y0.;

G01 X20.;

G02 X60. R20.; → R지령

(G02 X60. I20. J0.) → I , J

G01 X80.;

    Y52.;

G03 X72. Y60. R10;

G01 X5.;

  X0. Y55.;

  Y0.;

M02;

③ R 지령에 의한 원호 지령방법 적용-2

반경 R을 사용하여 원호 보간을 지령하는 경우에는 동시에 2개의 원호가 정의될 수 있다.

ⓐ 프로그램 R이(+)값인 경우에는 180˚ 보다 작은 원호가 정의 된다.

ⓑ 프로그램 R이(-)값인 경우에는 180˚ 보다 큰 원호가 정의 된다.

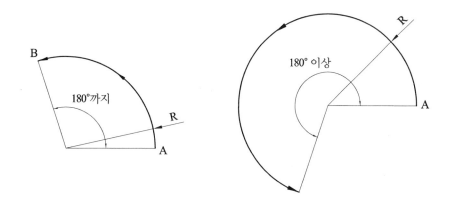

ⓒ 180° 이상일 때와 이하일 때의 프로그램

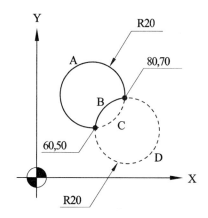

ⓓ 180° 보다 클때

　　A 원호 : G02 X80. Y70. R-20.;

　　D 원호 : G03 X80. Y70. R-20.;

ⓔ 180° 보다 작을 때

　　B 원호 : G02 X80. Y70. R20.;

　　C 원호 : G03 X80. Y70. R20.;

② I, J 지령에 의한 원호 지령 방법

$$\begin{bmatrix} G90 \\ G91 \end{bmatrix} \quad \begin{bmatrix} G02 \\ G03 \end{bmatrix} \quad X\_\_ \quad Y\_\_ \quad \begin{bmatrix} I\_\_ & J\_\_ \\ K\_\_ & I\_\_ \\ J\_\_ & K\_\_ \end{bmatrix} \quad F\_\_ \quad ;$$

ⓐ G02 : 시계방향(C.W, Clock Wise)

ⓑ G03 : 반시계방향(C.C.W, Counter Clock Wise)

ⓒ X : X축 원호의 종점 좌표

ⓓ Y : Y축 원호의 종점 좌표

ⓔ I : 시작점에서 중심점까지 X축 증분량

ⓕ J : 시작점에서 중심점까지 Y축 증분량

ⓖ F : 이송속도 (분당 이송속도 mm/min)

③ I , J 지령에 의한 원호 지령 예

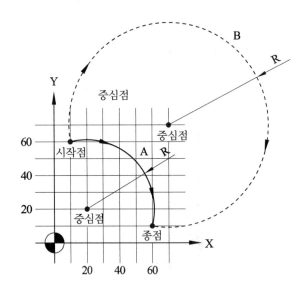

ⓐ A 원호 : G90 G03 X60. Y10. I10. J-40. F100 ;

ⓑ A 원호 : G90 G03 X60. Y10. I60. J10. F100 ;

④ 작업 평면에 따른 I, J, K의 적용

ⓐ G17 평면 : XY 평면으로 I, J 적용한다.

ⓑ G18 평면 : XZ 평면으로 I, K 적용한다.

ⓒ G19 평면 : YZ 평면으로 J, K 적용한다.

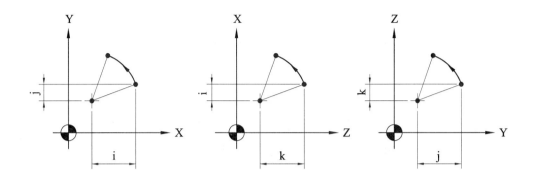

⑤ 360°원의 지령

360°원은 공구의 가공 시작점과 끝점이 동일하다 원의 중심점을 작업 평면에서 시작점에서 중심점까지의 변위량을 해당하는 I, J, K로 주어지고 끝점이 생략하면 원을 가공한다.

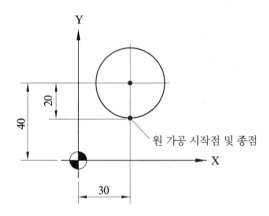

원 가공 시작점 및 종점

G90 G01 X30. Y20. F100 ;

G02 X30. Y20. I0. J20. ;

또는 생략 가능한 워드를 생략하면

G02 ~~X30.~~ ~~Y20.~~ ~~I0.~~ J20. ;

(5) 휴지(잠시 멈춤, dwell time) (G04)

지령된 시간동안 공구의 이송 시간을 잠시 멈추는 기능을 한다. 카운터 보어로 자리파기 가공시 카운터 보어 아랫면까지 이동 후 주어진 휴지시간 만큼 회전은 하면서 이동이 없어 아랫면을 다듬는 가공을 위하여 사용된다.

① 지령방법

$$G04 \quad \begin{bmatrix} P\_\_ \\ X\_\_. \end{bmatrix} \quad ;$$

P : 소수점을 사용하지 않으며 정지시간(예 : 1초간 휴지 – G04 P1000;)

X : 소수점을 사용하며 정지시간(예 : 1초간 휴지 – G04 X1.;)

② 적용의 예 : 1초간 멈춘다.

G04 P1000 ;

G04 X1. ;

③ Dwell time을 계산법

ⓐ 정지시간[sec] = $\dfrac{60}{rpm} \times$ 회전수

ⓑ 적용의 예 : 100[rpm]으로 회전하는 스핀들이 2회전 dwell을 하려한다면, 정지 시간은 $\dfrac{60}{100} \times 2 = 1.2$초 이다.

ⓒ G04를 이용하여 표시하면 "G04 P1200 ;" 또는 "G04 X1.2 ;"

(6) 자동 원호 접점 계산 (G01)

각을 이루는 두 직선의 구석을 라운딩 가공 또는 모따기 가공을 G01 코드을 응용하여 프로그램된 원호에 접하는 경로의 접점 또는 모서리를 자동적으로 계산하여 가공하는 기능이다.

① 지령방법

ⓐ 자동 모따기

G01 X__ Y__ , C__ F__ ;

ⓑ 자동 라운딩

G01 X__ Y__ , R__ F__ ;

② 지령 Word 의 의미

,C : 자동 모따기의 거리 값

,R : 자동 라운딩의 반경

③ 적용의 예

G90;

G00 X0. Y0;

G05 X15. Y5. ,R5. ;　　　→ 원호가공

G01 Y25. ,C3. ;　　　　　→ 모따기가공

G05 X3. Y22. ,R3. ;　　　→ 원호가공

G01 Y0. ;

M02 ;

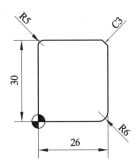

3.2.3 주축기능 (S Function)

공구와 일감의 상대속도를 절삭속도라 하며 회전수를 S__ 에 직접 입력하여 지령한다. 주축의 회전수를 N[rpm], 가공물의 지름을 D[mm]라 하면 절삭속도 V[m/min]는 $V = \dfrac{\pi D N}{1000}$ 이며, 회전수 N[rpm]은 $N = \dfrac{1000\,V}{\pi D}$ 가 된다.

　여기서, N : 주축의 분당 회전수[rpm]

　　　　　D : 공구 지름[mm]

　　　　　V : 절삭 속도[m/min]

(1) 주축 회전수 일정(가감속 금지 : G97)

주축 회전수를 지정하는 기능(G97)로 지령하여 회전수만을 일정하게 제어하는 기능이다.

① 지령방법

> G97　S___　M03　;

　S : 회전수[rpm] 1분당의 주축회전수를 의미하며 공작물의 재질에 따른 절삭속도는 공구에 따른 DATA를 참조하여야 한다.

　M03 : 주축 정회전 (보조기능)

② 적용의 예

다음 엔드밀의 지름이 20[mm]이고 절삭속도가 30[m/min]일 때 회전수 N[rpm]은 얼마인가?

$$N = \frac{1000\,V}{\pi D} = \frac{1000 \times 30}{\pi\,X \times 20} = 478[\text{rpm}]$$

이때 회전수 N가 478[rpm]이라면 다음과 같이 지령한다.

G97 S478 M03 ;

※ 조작판상의 주축 오버라이드 스위치를 이용하여 50~125[%] 범위내에서 프로그
램된 주축속도를 지정할 수 있다.

(2) 주속 일정 제어(G96)

주축 회전 속도 일정제어는 절삭공구와 공작물의 상대속도를 일정하게 조절하는 기능으
로 공구의 위치변화에 따라서 지정한 주축 회전 속도가 되도록 주축의 회전수를 조절한
다. 일반적으로는 CNC 선반에서 주로 활용하며 머시닝센터에서는 보링 공구로 보링 가
공과 직각을 이루는 단면을 가공할 때 사용하기도 한다.

① 지령방법

```
G96   S___   M03  ;
```

ⓐ S : 회전수[mm/min] 1분당의 절삭 거리를 의미하며 공작물의 재질에 따른 절삭
속도는 공구에 따른 DATA를 참조하여야 한다.
ⓑ M03 : 주축 정회전 (보조기능)

3.2.4 이송 기능 (Feed Function)

절삭이송은 분당이송[mm/min]와 회전당 이송[mm/rev]의 방법으로 지령할 수 있는데,
CNC 머시닝센터 에서는 G94코드를 사용한 분당이송으로 프로그램 한다.

(1) 분당이송(G94)

공구의 분당 이송거리로 이송속도 F는 한번 지령한 후 다음 새로운 F값이 나올때까지
유효하다
① 지령방법

```
G94   F___  ;
```

F : 1분간에 해당하는 이동량[mm/min]

※ 지령범위 : 1~100000[mm/min]

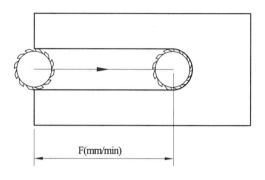

F(mm/min)

(2) 회전당 이송(G95)

공구의 회전당 이송거리로 이송속도 F는 한번 지령한후 다음 새로운 F값이 나올때까지
유효하다

① 지령방법

> G95　F___ ;

단위 : 회전당 이송 [mm/rev]

② 상호 관계식

$$F_m = F_r \times N$$

F_m : 분당이송[mm/min]

F_r : 회전당이송[mm/rev]

N : 회전수[rpm]

③ 사이클 Time 구하는 식

$$T = \frac{L}{F} \times 60$$

T : 가공시간[min]

F : 분당이송속도[mm/min]

L : 가공길이[mm]

(3) 정위치 정지(G09, G61)

일반적인 절삭모드에서는 각 축이 지령위치에 도착 여부를 검증하는 과정에 비교회로에 서는 작은 공차영역이 파라미터에 설정되어 있다. 공구의 실제 위치와 종점 좌표의 거리 가 이 공차 영역 안에 들어오면 종점에 도착한 것으로 인식하고 다음 블록이 실행된다. 이러한 과정에서 구석 부분의 가공에서는 미세한 라운드가 가공된다.

정위치 정지는 구석 모서리에 미세한 라운드 가공 없이 모서리를 정확하게 가공하는 기 능이다.

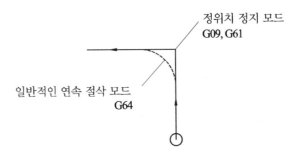

① 정위치 정지 G09(One shot G-code)
   ⓐ 지령 예

```
G09   G01  X___  Y___  F___ ;
```

② 정위치 정지 G61(Modal G-code)
   ⓐ 지령 예

```
G61   G01  X___  Y___  F___ ;
```

(4) 연속 절삭 모드(G64)

일반적인 절삭모드에서 적용되는 가능으로 정위치 정지 모드에서는 모서리 구석 부분에 서 미세한 정지현상이 발생하며 가공면의 상태가 좋지 않고, 공구의 마모가 심해지며, 가공시간이 길어진다.

연속 절삭 모드 적용되는 과정에서 발생하는 라운드의 아주 작아 제품의 정밀도에는 큰 영향을 주지 않는다.

3.2.5 보조기능 (M Function)

Address M에 연속되는 2행의 숫자에 의하여 CNC공작기계가 가지고 있는 보조기능 스위치를 ON/OFF 하는 지령기능이다.

M Code는 한 Block에 1개씩만 유효하며, 2개이상 지령하면 뒤에 지령한 M기능이 유효하다.

M코드	기 능
M00	프로그램 정지(Program Stop)
M01	프로그램 선택 정지(Optional Program Stop)
M02	프로그램 종료(Program End)
M03	주축 정회전(CW)
M04	주축 역회전(CCW)
M05	주축 정지(Spindle Stop)
M06	공구 교환 (Tool Change)
M08	절삭유 공급 (Coolant ON)
M09	절삭유 정지 (Coolant OFF)
M10	인덱스 클램프(Index Clamp)
M11	인덱스 언클램프(Index Unclamp)
M16	Tool No. Search
M19	스핀들 오리엔테이션(Spindle Orientation)
M28	매가진 원점복귀(Magazine Reference Point Return)
M30	프로그램 종료 + 리세트(Program Rewind & Restart)
M40	Gear 중립(Spindle Gear Neutral Position)
M41	Grar 1단 (Spindle Gear Low Position)
M42	Grar 2단 (Spindle Gear Middle Position)
M48	스핀들 오버라이드 무시 OFF
M49	스핀들 오버라이드 무시 ON
M57	앞쪽 공구대 선택
M58	뒤쪽 공구대 선택
M68	유압척 Clamp
M69	유압척 Unclamp
M78	심압축 전진
M79	심압축 후진
M98	Sub Program 호출
M99	Sub Program 종료 – Main Program 호출

3.2.6 기계원점 (Reference Point)

기계원점이란 기계상에 있는 고유의 점으로 공구를 쉽게 이위치로 이동시킬수 있으며 기계제작시 기계제조회사에서 위치를 설정한다. 머시닝 센터는 전원을 ON한 후에는 반드시 각 축의 기준점을 설정할 수 있도록 반드시 기계원점복귀를 하여야 한다.

(1) 기계원점 복귀

① 수동원점 복귀

주 메뉴에서 수동운전을 선택하고 수동운전에서 기계원점복귀를 누른 다음 사이클 Start를 누르면 수동으로 각 축의 기계원점으로 복귀 한다.

기계 원점 복귀할 때는 설치된 공작물, 바이스 등과 간섭이 있을 수 있으므로, 반드시 Z축을 복귀하여 충돌 등을 방지하고 X축과 Y축을 원점 복귀한다.

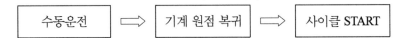

② 자동원점복귀(G28) – 제 1 원점 복귀

ⓐ 의 미 : 현재의 위치에서 입력된 X, Y, Z의 점을 급속이송으로 경유 하여 기계원점으로 복귀한다. 보통 중간점은 공구와 공작물간의 간섭을 피하기 위한 것이며, 지령된 축만 원점복귀 한다.

MACHINE LOCK 상태에서는 기계원점 복귀가 않되며, 이 지령전에 공구경보정(G41, G42)과 좌표 회전기능(G74)은 취소하여야 된다.

ⓑ 지령방법

$$G28 \quad \begin{bmatrix} G90 \\ G91 \end{bmatrix} \quad X\_\_\_ \quad Y\_\_\_ \quad Z\_\_\_ \quad ;$$

X,Y,Z : 주어진 좌표 값을 중간점으로 경유하는 좌표가 된다.

ⓒ 실행방법 : 주메뉴에서 수동운전을 선택하고 다시 MDI MODE에서 기계원점 입력하여 Cycle Start를 누르면 실행된다.

ⓓ 적용의 예 : 지정한 점을 지나며, 기계원점 복귀하는 프로그램

• G90 G28 X100. Y80. ; → 절대좌표로 X100.0 Y80.0점을 경유하여 기계원점으로 복귀한다.

• G91 G28 X100. Y80. ; → 증분좌표로 X축으로 100.0, Y축으로 80.0을 경유하

여 기계원점으로 복귀한다.

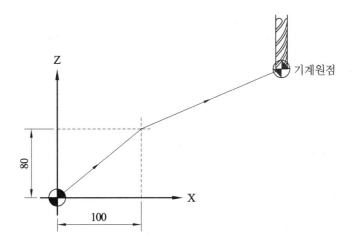

(2) 제 2 원점 복귀 (G30)

현재의 위치에서 중간점을 경유하여 각각의 원점으로 급속하게 이송하는 기능으로서 제 2원점 복귀 기능은 축에서 4개의 서로다른 원점을 설정한다는 것을 제외하면 기계원점 (제1원점) 복귀와 동일하다. 대개 ATC의 위치가 제1원점과 다를때 사용한다.

① 지령방법

$$
G30 \quad \begin{bmatrix} P2 \\ P3 \\ P4 \end{bmatrix} \quad \begin{bmatrix} G90 \\ G91 \end{bmatrix} \quad X\_\_\_ \quad Y\_\_\_ \quad Z\_\_\_ \quad ;
$$

P2 : 제 2 원점을 선택하며 P를 생략시에는 제2원점이 된다.

P3 : 제 3 원점을 선택한다.

P4 : 제 4 원점을 선택한다.

X,Y,Z : 경유점 좌표값을 의미한다.

(3) 원점 복귀 확인 (G27)

① 의 미 : 기계원점 복귀 명령 후 실제 기계원점으로 복귀했는지 확인하는 기능이다.

② 지령방법

$$
G27 \quad \begin{bmatrix} G90 \\ G91 \end{bmatrix} \quad X\_\_\_ \quad Y\_\_\_ \quad Z\_\_\_ \quad ;
$$

X, Y, Z : 가고자하는 좌표 값을 의미한다.

(4) 원점으로 부터의 복귀 (G29)

G29 블록은 G27 또는 G30은 경유점을 지나 기계 원점 또는 제2원점 복귀하게 된다. 다음 블록에 G29로 이동 종점좌표를 입력하면 앞 블록에 경유했던 점을 다시 지나 종점 좌표로 이동하게 된다.

① 지령방법

$$G27 \begin{bmatrix} G90 \\ G91 \end{bmatrix} \ X\_\_\_ \ \ Y\_\_\_ \ \ Z\_\_\_ \ \ ;$$

$$G29 \begin{bmatrix} G90 \\ G91 \end{bmatrix} \ X\_\_\_ \ \ Y\_\_\_ \ \ Z\_\_\_ \ \ ;$$

X, Y, Z : 이동 종점의 좌표값을 의미한다.

3.2.7 좌표계 설정 방법

(1) 좌표계의 종류

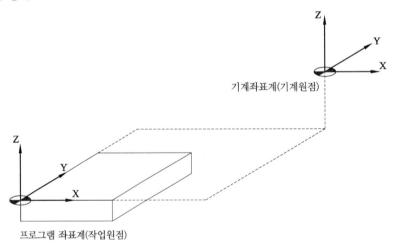

기계좌표계(기계원점)

프로그램 좌표계(작업원점)

① 기계 좌표계 (MACHINE)

CNC공작기계는 제작회사에서 설정한 기계 원점을 가지고 있으며, 이 기계 원점을 기준으로 설정된 좌표계가 기계 좌표계이다.

일반적으로 CNC공작기계에 전원을 ON하고 수동으로 원점복귀를 실행하는데, 기계 원점을 인식시키고 기계 좌표계가 설정되게 된다.

② 프로그램 좌표계 (ABSLUTE) - (WORK좌표계)

공작물 좌표계라고도 하며 공작물의 가공 프로그램 작성에 기준이 된 원점으로 기준으로 설정된 좌표계이다.

공작물을 바이스 등에 클램핑하고 기계원점에서 공작물 원점까지의 거리를 측정하여 기계에 G54~G59에 직접입력하거나 프로그램에 G92 코드를 추가하여 입력해야 정삭적인 가공이 된다.

③ 상대 좌표계

CNC 공작기계 조작 중 일시적으로 임의의 위치를 "0"로 설정할 때 사용하며, 공작물 원점 설정하는 과정, 간단한 핸들 이동 등에 이용됩니다.

④ 잔여 좌표계

절삭공구, 테이블의 이송을 핸들이 아닌 프로그램에 의해 실행 할 때, 이동 종점까지 남아 있는 거리를 좌표로 나타내는 좌표계이다.

(2) 공작물 좌표계 설정(G92)

공작물의 프로그램 원점을 기준으로 기계원점까지 떨어진 거리를 G92를 이용하여 입력하여 공작물 좌표계를 설정한다.

① 지령방법

$$
G92 \begin{bmatrix} G90 \\ G91 \end{bmatrix} \quad X\_\_ \quad Y\_\_ \quad Z\_\_ \quad ;
$$

X __ Y __ Z __ : 기계원점에서 공작물의 프로그램 원점까지의 거리

② 공작물 좌표계 설정(G92) 예

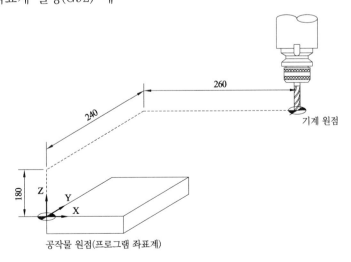

기계 원점

180

공작물 원점(프로그램 좌표계)

G92 G90 X-260. Y-240. Z-180. ;

(2) 공작물 좌표계 선택(G54∼G59)

CNC 공작기계에서는 6개의 공작물 좌표계를 설정할 수 있으며, 설정된 좌표계를 불러들여 가공에 적용할 수 있다. 기계 원점에서 공작물 좌표계 원점까지의 각 축의 거리를 측정하고 CNC공작기계의 조작 판넬에서 측정한 X, Y, Z의 거리값을 공작물 좌표계 선택기능으로 기계에 직접 입력하고 가공에 적용하게 된다.

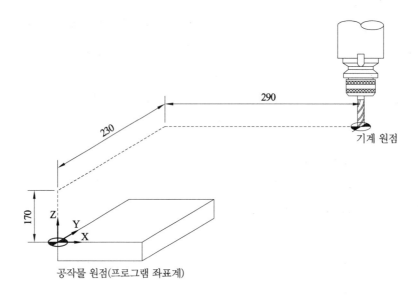

공작물 원점(프로그램 좌표계)

① 공작물 좌표계 선택(G54의 경우) 예

G54 G90 ;

※ G54 좌표계를 선택하고 사용하려면 CNC공작기계의 조작 판넬에 G54좌표계에 기계 원점에서 공작물 원점까지의 X, Y, Z 거리를 입력해야 한다.

No 0		No 2 (G55)	
X	0.00	X	0.00
Y	0.00	Y	0.00
Z	0.00	Y	0.00
No 1 (G54)		No 3 (G56)	
X	−290.00	X	0.00
Y	−230.00	Y	0.00
Z	−170.00	Y	0.00

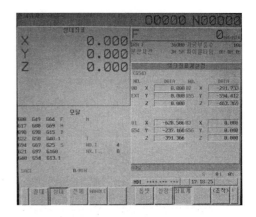

(3) 지역(로컬) 좌표계(G52)

공작물 좌표계의 선택으로 설정된 공작물 좌표계를 기준으로 일정 거리만큼 떨어진 새로운 기준점을 설정하는 좌표계를 지역 또는 로컬 좌표계라고 한다. 지역 좌표계는 G54~G59를 기준으로 새로운 좌표계를 만들 수 있다.

① 지역(로컬) 좌표계 설정

```
G52   G90   X__   Y__   Z__   ;
```

② 지역(로컬) 좌표계 취소

```
G52   X0.   Y0.   Z0.   ;
```

X __ Y __ Z __ : 설정된 공작물 좌표계에서 설정하려는 지역(로컬) 좌표계 원점까지의 거리

(4) 기계 좌표계 선택(G53)

설정된 공작물 좌표계와 관계없이 기계 원점에서 임의의 지점까지 급속 이송 시키는 기능으로 툴 프리셋 등의 자동 공구 측정 장치가 설치되어 있을 때, 측정 위치로 이동 시킬 때, 공작물 좌표계에서는 기계 원점에서 공작물 좌표계의 이동 거리를 계산하여 입력해야 하지만 기계 좌표계 선택(G53)에서는 기계 원점을 기준으로 이동하는 기능이다.

① 기계 좌표계 선택 설정

```
G53   G90   X__   Y__   Z__   ;
```

X __ Y __ Z __ : 기계 원점에서 이동 종점 좌표
※ 절대지령(G90)에서만 실행되며, 증분지령(G91)에서는 무시된다.

3.2.8 보정기능

프로그램 작성시 공구의 형상 및 공구의 길이를 고려하지 않고 프로그램을 작성한다. 그러나 실제의 가공에서는 공구의 형상이나 공구의 길이의 차이가 있으므로 그 차이값을

OFFSET에 등록하고 공작물을 가공할 때 불러들어 그 값을 자동으로 받을 수 있는 기능을 말한다.

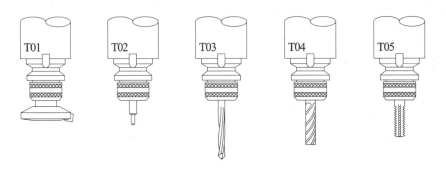

(1) 공구경 보정(G40, G41, G42)

공작물의 형상 가공시 공구의 중심 위치에 따라서 프로그램이 되기 때문에 실제는 공구의 반경만큼 오차가 발생한다.

NC 프로그램 작성시 공구의 반지름만큼 전체적으로 떨어지게 작성하기는 매우 불편하고 사용하는 절삭공구의 직경이 바뀌게 되면 프로그램을 다시 작성해야 한다. 이러한 불편을 없애기 위하여 프로그램은 주어진 도면의 좌표값으로 작성하고 사용하게 되는 공구의 반지름 값을 CNC공작기계에 보정 화면의 해당 번호에 입력하고 가공하게 되는데 이러한 공구경 오차를 보정하는 것이 공구경 보정 또는 공구직경 보정이라 한다.

공구경 보정은 이송속도를 가지는 이송 블록에만 적용되며, 급속이송지령(G00)으로 자동적으로 취소된다. 또한 보정 적용과 취소는 비절삭 과정에 적용하여야 하며, XY 이동 중에 적용하여야 한다. 또 보정 적용 후 취소 없이 다시 보정이 적용되면 이전 보정 값에 새로운 보정 값이 더해지므로 보정 적용 후에 다른 보정을 적용하게 전에 반드시 취소하고 새로운 보정을 적용해야 한다.

일반적으로 공구경 보정 번호는 공구 번호와 동일하게 적용하는 것이 효율적이다.

Tool Offset			
H001	−38.00	D001	40.00
H002	−12.00	D002	1.50
H003	32.00	D003	3.50
H004	0.00	D004	5.00
H005	49.00	D005	4.00
H006	0.00	D006	0.00
H007	0.00	D007	0.00

※ 실제 머시닝센터의 조작판의 보정화면

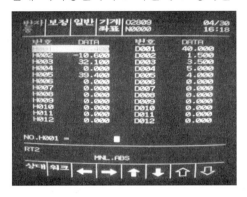

① 지령방법

ⓐ 공구경 좌측 보정

> G41   X___   Y___   D___   ;

ⓑ 공구경 우측 보정

> G42   X___   Y___   D___   ;

ⓒ 공구경 보정 취소

> G40   X___   Y___   ;

② G코드의 의미

ⓐ G41 : 프로그램 경로에 공구의 좌측으로 해당 보정 번호에 입력된 수치만큼 떨어져 이동

ⓑ G42 : 프로그램 경로에 공구의 우측으로 해당 보정 번호에 입력된 수치만큼 떨어져 이동

ⓒ G40 : 공구경 보정 취소로 프로그램 경로와 공구의 중심이 일치 되어 이동

ⓓ X___ Y___ : X축과 Y축 종점 좌표

ⓔ D___ : 공구경 보정 번호

③ 공구의 이동경로

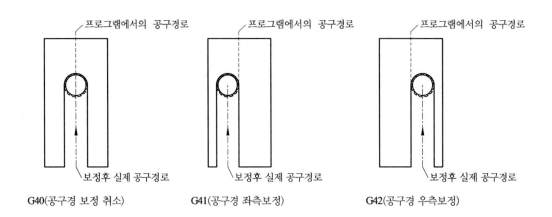

G40(공구경 보정 취소)   G41(공구경 좌측보정)   G42(공구경 우측보정)

(2) 공구길이 보정(G43, G44)

여러 공구를 사용하는 가공에서 공구를 교환하게 되면 해당공구의 길이가 서로 다르게 된다. 그래서 가장 많이 사용하는 공구를 기준 공구로 설정하고 각각의 공구는 기준공구 와의 길이 차이를 CNC공작기계의 공구길이 보정 화면에 입력하여 공구를 교환하면 미리 입력한 길이 차이를 가감하여 일정하게 보정하는 것을 공구길이 보정 또는 공구장 보정이라 한다.

공구길이 보정의 적용과 취소는 비절삭 과정에 적용하고 Z축 이동 중에 적용하여야 한 다. 또 보정 적용 후 취소 없이 다시 보정이 적용되면 이전 보정 값에 새로운 보정 값이 더해지므로 보정 적용 후에 다른 보정을 적용하게 전에 반드시 취소하고 새로운 보정을 적용해야 한다.

일반적으로 공구길이 보정 번호도 공구 번호와 동일하게 적용하는 것이 효율적이다.

① 지령방법

ⓐ 공구길이 가산(+)보정

```
G43   Z___   H___   ;
```

ⓑ 공구길이 감산(−)보정

```
G44   Z___   H___   ;
```

ⓒ 공구길이 보정 취소

> G49   Z___ ;

② G코드의 의미

  ⓐ G43 : 기준 공구와 길이 차이를 가산(+)하여 보정

  ⓑ G44 : 기준 공구와 길이 차이를 감산(−)하여 보정

  ⓒ G49 : 공구길이 보정 취소

  ⓓ Z___ : Z축 종점 좌표

  ⓔ H___ : 공구 길이 보정 번호

③ 공구길이 보정방법

  ⓐ 게이지 라인을 이용하는 방법 : 게이지 라인을 0으로 하고 게이지 라인에서 절삭 공구의 날 끝까지의 거리를 측정하여 각각의 공구의 길이 차이를 적용하는 방법 이다.

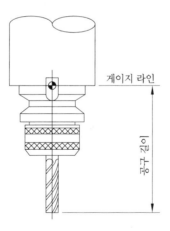

  ⓑ 기준공구 사용하는 방법 : 공구 매거진에 장착된 여러 개의 공구 중에서 기준 공 구를 지정하고 기준 공구의 날 끝에서 각각의 공구의 날 끝까지의 거리를 측정하 여 보정 값으로 적용한다.

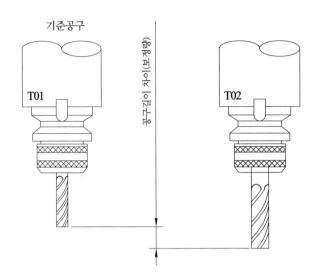

(3) 공구 위치보정(G45, G46, G47, G48)

공구경 보정은 공구경 좌측 보정(G41), 공구경 우측 보정(G42)이 사용되고 프로그래 되고있다. 공구경 보정이 사용되기 전에는 공구의 위치보정은 으로 사용하는 가공에서 공구의 이동량을 공구의 반경만큼 줄이거나 늘여 프로그램 했다. 1회 유효 G코드(One shot G-code)으로 해당 블록에만 적용된다.

① G45 : 공구경 반경만큼 신장으로 이동 방향으로 적용된 보정량(반지름) 만큼"+"되어 이동한다.

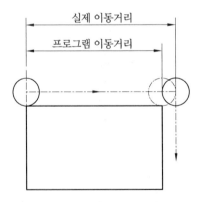

ⓐ 지령방법

$$\begin{bmatrix} G00 \\ G01 \\ G02 \\ G03 \end{bmatrix} \quad G45 \quad X\_\_\_ \quad Y\_\_\_ \quad D\_\_\_ \quad ;$$

ⓑ G00, G01, G02, G03 : 일반 이동 지령과 동일

ⓒ G45 : 공구경 반경만큼 신장

ⓓ X__, Y__ : X축, Y축 이동 종점

ⓔ D__ : 공구경 보정 번호

② G46 : 공구경 직경만큼 축소로 이동 방향으로 적용된 보정량(반지름) 만큼"-"되어 이동한다.

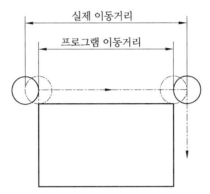

ⓐ 지령방법

$$
\begin{bmatrix} G00 \\ G01 \\ G02 \\ G03 \end{bmatrix} \quad G46 \quad X\_\_ \quad Y\_\_ \quad D\_\_ \;\; ;
$$

ⓑ G00, G01, G02, G03 : 일반 이동 지령과 동일

ⓒ G46 : 공구경 반경만큼 축소

ⓓ X__, Y__ : X축, Y축 이동 종점

ⓔ D__ : 공구경 보정 번호

③ G47 : 공구경 직경만큼 신장으로 이동 방향으로 적용된 보정량(반지름)의 2 배 "+" 되어 이동한다.

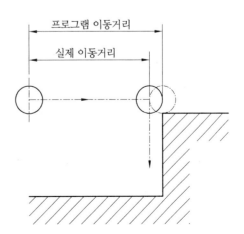

ⓐ 지령방법

$$
\begin{bmatrix} G00 \\ G01 \\ G02 \\ G03 \end{bmatrix} \quad G47 \quad X\_\_ \quad Y\_\_ \quad D\_\_ \ ;
$$

ⓑ G00, G01, G02, G03 : 일반 이동 지령과 동일

ⓒ G47 : 공구경 직경만큼 신장

ⓓ X_, Y_ : X축, Y축 이동 종점

ⓔ D_ : 공구경 보정 번호

④ G48 : 공구경 직경만큼 축소로 이동 방향으로 적용된 보정량(반지름)의 2배 "−"되어 이동한다.

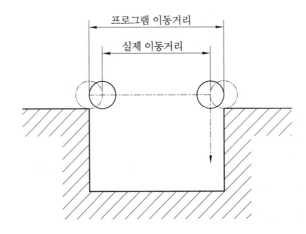

ⓐ 지령방법

$$
\begin{bmatrix} G00 \\ G01 \\ G02 \\ G03 \end{bmatrix} \quad G48 \quad X\_\_ \quad Y\_\_ \quad D\_\_ \ ;
$$

ⓑ G00, G01, G02, G03 : 일반 이동 지령과 동일

ⓒ G48 : 공구경 직경만큼 축소

ⓓ X_, Y_ : X축, Y축 이동 종점

ⓔ D_ : 공구경 보정 번호

3.2.9 이름 가공 프로그램

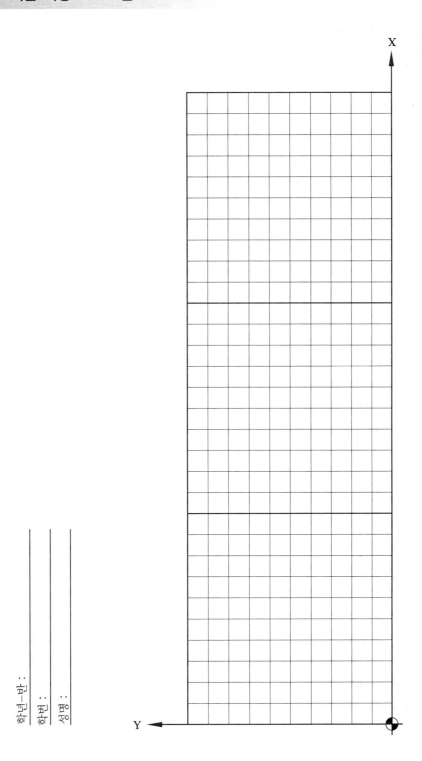

학년-반 : :
학번 : :
성명 : :

(1) "CNC" 가공 프로그램

※ 참고 : T01 ∅10FEM

```
O3291 ;
G40 G49 G80  ;
G91 G28 Z0.  ;
G91 G28 X0. Y0.  ;
G90 G54  ;
G00 X0. Y0. Z200.  ;
G30 G91 Z0. M19  ;
T01 M06  ;
G90 G00  X90. Y30.  Z200. ;
G43 Z150. H01 S700 M03  ;
     Z10. S2000 M03   ;
G01 Z-3. F100 M08 ;
X70. Y10. ;
X30. Y10. ;
X10. Y30. ;
X10. Y70. ;
X30. Y90. ;
X70. Y90. ;
X90. Y70. ;
Z3. ;
G00 X110. Y10. ;
G01 Z-6. ;
X110. Y90. ;
X190. Y10. ;
X190. Y90. ;
Z3. ;
G00 X290. Y30. ;
G01 Z-6. ;
X270. Y10. ;
X230. Y10. ;
X210. Y30. ;
X210. Y70. ;
X230. Y90. ;
```

X270. Y90. ;

X290. Y70. ;

Z3. ;

G00 Z150. G49 M09 ;

G40 M05 ;

M02 ;

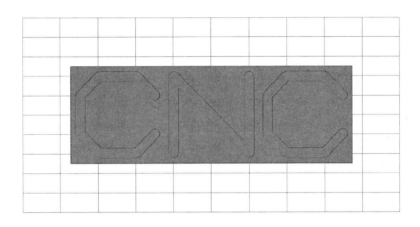

(2) 이름 가공 프로그램-1

※ 참고 : T01 ∅5FEM

O3292 ;

G40 G49 G80 ;

G91 G28 Z0. ;

G91 G28 X0. Y0. ;

G90 G54 ;

G00 X0. Y0. Z200. ;

G30 G91 Z0. M19 ;

T01 M06 ;

G90 G00 X38. Y77. Z200. ;

G43 Z150. H01 S700 M03 ;

    Z10. S2000 M03 ;

G01 Z-3. F300 M08 ;

G02 X55. Y80. R9. ;

X30. Y60. R17. ;

```
Y90. R20. ;
G01 Z10. ;
G00 X18. Y42. ;
G01 Z-3. ;
X82. Y58. ;
G01 Z10. ;
G00 X50. Y48. ;
G01 Z-3. ;
Y35. ;
Z10. ;
G00 X72. Y36. ;
G01 Z-3. ;
G02 X65. Y53. R20. ;
G01 Z10. ;
G00 X90. Y30. ;
G01 Z-3. ;
G02 X50. Y10. R35. ;
X40. Y25. R20. ;
G01 Z10. ;
G00 X125. Y40. ;
G01 Z-3. ;
G02 X130. Y70. R50. ;
X150. Y90. R40. ;
G01 Z10. ;
G00 X132. Y68. ;
G01 Z-3. ;
X150. Y50. ;
Z10. ;
G00 X172. Y45. ;
G01 Z-3. ;
G02 X168. Y83. R60. ;
X175. Y83. R4. ;
X155. Y65. R30. ;
G01 Z10. ;
G00 X162. Y26. ;
G01 Z-3. ;
G02 X178. Y30. R9. ;
```

X160. Y10. R15. ;
X155. Y40. R18. ;
G01 Z10. ;
G00 X214. Y68. ;
G01 Z-3. ;
G02 X240. Y86. R50. ;
X255. Y70. R13. ;
X227. Y34. R60. ;
G01 Z10. ;
G00 X252. Y57. ;
G01 Z-3. ;
X258. Y43. ;
G01 Z10. ;
G00 X280. Y40. ;
G01 Z-3. ;
G02 X275. Y50. R40. ;
Y80. R60. ;
G01 Z10. ;
G00 X290. Y28. ;
G01 Z-3. ;
G02 X260. Y10. R30. ;
X245. Y25. R20. ;
G01 Z10. ;
G00 Z100. M09 ;
Z150. M05 ;
M02 ;

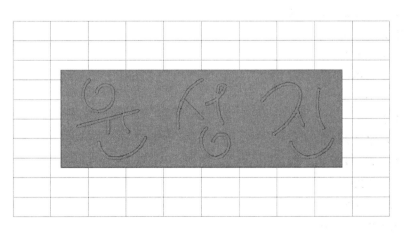

(3) 이름 가공 프로그램-2

※ 참고 : T01 ∅5FEM
            T02 ∅10FEM

```
O3293 ;
G40 G49 G80 ;
G28 G91 X0.Y0.Z0. ;
G90 G54 ;
G30 G91 Z0. M19 ;
T01 M06 ;
G90 G00 X30. Y65.7 ;
G43 Z150. H01 S700 M03 ;
     Z10. ;
G01 Z-5. F100 M08 ;
G02 Y45.3 R10.2
Y65.7 R10.2 ;
G01 X31.9 Y71.9
G02 X43.7 Y67.3 R22.4 ;
Y43.7 R14.9 ;
X16.3 R22.4 ;
Y67.3 R14.9 ;
X25.8 Y71.5 R22.4 ;
G03 X28.8 Y76.9 R4. ;
G02 X31.9 Y71.9 R20.4 ;
G01 X30. Y68. ;
G02 X41.2 Y64.2 R18.4 ;
Y46.8 R10.9 ;
X18.8 R18.4 ;
Y64.2 R10.9 ;
X30.Y68.R18.4 ;
G01 Y69.7
G02 Y41.3 R14.2 ;
Y69.7 R14.2 ;
G00 Z20. ;
X72. Y4.8 ;
G01 Z-5. F80 ;
```

G03 X77.2 Y26.5 R48. ;

G01 Y85.1 ;

G02 X78.1 Y88.3 R6. ;

G03 X78.2 Y88.9 R0.5 ;

X60.7 Y92.1 R16. ;

G02 X70.4 Y82.1 R10. ;

G01 Y12.1 ;

G03 X72. Y4.8 R17.3 ;

G01 X72.9 Y12.1 ;

X74.4 Y18. ;

Y82.1 ;

G03 X71.5 Y90.6 R14. ;

G01 X68.Y90. ;

G00 Z20. ;

X137.1 Y94.5 ;

G01 Z-5. F80 ;

G03 X159.8 Y93.4 R52. ;

G02 X160.3 Y89.5 R2. ;

X144.3 Y89.1 R98. ;

X137.1 Y94.5 R18. ;

G00 Z20. ;

X151.4 Y73.6 ;

G01 Z-5. F80 ;

G02 X158. Y71.5 R11.3 ;

Y58.7 R7.9 ;

X144.8 R11.3 ;

Y71.5 R7.9 ;

X151.4 Y73.6 R11.3 ;

G01 Y74.6 ;

G02 X164. Y70.5 R21.5 ;

Y57.7 R7.9 ;

X138.8 R21.5 ;

Y70.5 R7.9 ;

X151.4 Y74.6 R21.5 ;

G02 X162.4 Y69.2 R18.8 ;

X159.7 Y57.4 R7.4 ;

X143.1 Y57.4 R19.5 ;

X140.4 Y69.2 R7.4 ;

G01 X146.9 Y74.1 ;

G03 X148.7 Y81. R4. ;

X127.5 Y77. R72. ;

G02 X119.5 Y82.7 R6. ;

G03 X177.6 Y86. R141.4 ;

G02 X178.6 Y81.1 R2.5 ;

G01 X122.3 ;

X126. Y79. ;

Y81.1 ;

X150. ;

Y78.8 ;

G02 X153.4 Y74.5 R6. ;

G00 Z20. ;

X151.5 Y20.5 ;

G01 Z-5. F80 ;

G03 X156.9 Y33.8 R19. ;

G01 Y42.5 ;

G02 X160.9 Y46.5 R4. ;

X190. Y45.6 R478. ;

G03 X192.6 Y49.4 R2.7 ;

X183.3 Y50.6 R16. ;

G02 X106.2 Y49.3 R252. ;

G03 X113. Y42.9 R22. ;

X114.7 Y42.7 R2. ;

G02 X136.1 Y46. R72. ;

G01 X146.1 ;

G02 X150.1 Y42. R4. ;

G01 Y24.3 ;

G03 X151.5 Y20.5 R5.8 ;

G01 X153.5 Y34. ;

Y46.9 ;

X188.8 ;

X113.8 ;

G00 Z20. ;

X139. Y28.3 ;

G01 Z-5. F80 ;

G03 X123.8 Y29.6 R48.

G02 X131.8 Y24.3 R13.5

G01 Y15.2 ;

G03 X137.8 Y9.2 R6. ;

G01 X178.6 ;

G03 X180.8 Y11.1 R6. ;

X175.2 Y14.2 R6. ;

X171.9 Y13.6 R14. ;

X163.9 Y9.4 R24. ;

G01 X145. ;

G02 X138.5 Y15.9 R6.5 ;

G01 Y28.4 ;

X133.5 ;

Y26.8 ;

X135.1 ;

Y15.9 ;

G03 X145. Y9.3 R8.5 ;

G01 X167.2 ;

X176.6 Y11.7 ;

G00 Z20. ;

X243.5 Y78.9 ;

G01 Z-5. F80 ;

G03 X230.7 Y85.4 R16. ;

X230.2 Y84.1 R0.8 ;

G02 X234.2 Y75.9 R10. ;

X207.5 Y45.1 R32. ;

G03 X237.6 Y62.3 R38. ;

G01 X250.7 Y49.7

G03 X252.6 Y49. R2.5 ;

X252.7 Y57. R4. ;

G02 X238. Y62.9 R27. ;

G01 X252.3 Y53. ;

X238. Y62.9 ;

G03 X243.5 Y78.9 R38. ;

```
G01 X239.8 Y77.9 ;
G03 X237.6 Y79.8 R12.5 ;
G02 X236.5 Y67.5 R35.5 ;
X228.8 Y55.4 R29.3 ;
G03 X239.8 Y77.9 ; R35.3 ;
G01 X234. Y83. ;
G00 Z20. ;
X270.7 Y35.2 ;
G01 Z-5. F80 ;
Y7.2 ;
G03 X271.4 Y4.4 R6. ;
X277.4 Y16.3 R14.8 ;
G01 Y35. ;
G03 X278.9 Y36.9 R2. ;
X268.9 Y37.6 R18. ;
G02 X226.6 Y37.4 R102. ;
G03 X236.5 Y31.1 R8.
G02 X270.7 Y35.2 R127. ;
G01 X274. ;
Y8.4 ;
G00 Z20. ;
X241.8 Y34. ;
G01 Z-5. F80 ;
X231. ;
G00 Z20. ;
X274. Y70. ;
G01 Z-5. F80 ;
G41 D01 X279.4
Y86.8 ;
G03 X278. Y93.1 R4. ;
X260.9 Y96.4 R30. ;
X261. Y92.4 R3. ;
G02 X268.7 Y84.9 R7.5 ;
G01 Y46.7 ;
G03 X270.2 Y42.2 R7.5 ;
X273.4 R2. ;
```

X279.4 Y59.8 R28.7 ;

G01 Y80. ;

X277.4 ;

G00 Z20. G40 M09 ;

Z30.M05 ;

G49 Z50 ;

G91 G30 Z0. M19 ;

T02 M06 ;

G00 G90 X272.7 Y48.5

G43 Z20 H02 S700 M03 ;

G01 Z-5. M08 F80 ;

Y90. ;

G00 Z100. M09 ;

Z150. M05 ;

G40 G49 G80 ;

M02 ;

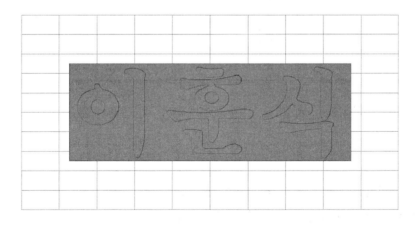

3.2.10 자동 사이클 (Auto 사이클)

자동 사이클 기능은 동일한 작업을 여러번 반복하는 기계의 작동을 하나의 블록으로 정의여 작업 좌표만을 설정하면 좌표점 마다 동일한 작업을 하게 되는 기능이다. 자동 사이클은 고정 사이클(Canned 사이클)과 사용자 정의 사이클(Programable Auto-사이클)의 2가지가 있다.

(1) 고정 사이클

보통 구멍가공 작업을 할대 많이 사용되며 드릴링(Drilling), 펙 드릴링(Peck Drilling), 탭핑(Tapping), 보링(Boring) 등의 작업을 말한다. 이들을 프로그래밍하면 여러 동작의 명령이 되며, 같은 작업을 반복할 경우 이 프로그램을 몇 번씩 되풀이 해야한다. 이러한 여러 동작의 명령을 하나의 사이클(사이클)로서 NC장치에 기능을 부여하고 구멍의 가공위치, 공구의 접근위치, 가공깊이, 일시정지 시간등의 필요한 정보를 한 블록에 지시하여 프로그래밍을 쉽게 할 수 있도록 한 것이 고정 사이클이다. 한번 지령한 사이클은 취소하기 전까지, 구멍 가공할 위치결정 지령에 따라 반복된다.

(2) 고정 사이클의 동작

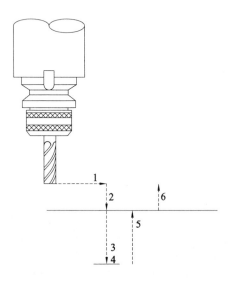

고정 사이클의 동작은 다음의 6개의 동작으로 구성되어 있다.

① 1 : 절삭 공구가 구멍가공 위치로 급속 이송

② 2 : 설정된 R점까지 급속 이송

③ 3 : 설정된 구멍 깊이로 절삭 이송

④ 4 : 구멍 바닥에서 휴지

⑤ 5 : 설정된 R점까지 급속 이송 후퇴

⑥ 6 : 초기점까지 급속 이송 후퇴

(3) 구멍가공 사이클 (사이클)의 설명

G코드	용도	3번 동작 절삭 시작 동작	4번 동작 절삭 끝 동작	5, 6번 동작 절삭후 복귀 동작
G73	고속심공드릴	간헐절삭이송	–	급속이송
G74	왼 나 사	절삭이송	주축정회전	급속이송
G76	정밀보링	절삭이송	주축정위치 정지	급속이송
G81	드 릴	절삭이송	–	급속이송
G82	카운터보링	절삭이송	휴지(Dwell)	급속이송
G83	심공드릴	간헐절삭이송	–	급속이송
G84	오른나사	절삭이송	주축역회전	급속이송
G85	보링(리머)	절삭이송		급속이송
G86	보 링	절삭이송	주축 정지	급속이송
G87	백 보 링	절삭이송	주축정위치 정지	급속이송
G88	보 링	절삭이송	1. 휴지(Dwell) 2. 주축 정지	급속이송, 수동이송
G89	보 링	절삭이송	휴지(Dwell)	급속이송

드릴링, 펙드릴링, 탭핑, 보링들의 고정사이클은 각각 그 동작의 형태에 따라서 다음의 일람표와 같이 여러 종류로 나누어진다. 따라서 가공할 구멍의 모양에 알맞은 사이클을 선택하여 지령해야 한다.

(4) 고정 사이클의 지령방법

$$(G17) \begin{bmatrix} G73 \\ \sim \\ G89 \end{bmatrix} \begin{bmatrix} G90 \\ G91 \end{bmatrix} \begin{bmatrix} G98 \\ G99 \end{bmatrix} X\_\_\_ \ Y\_\_\_ \ Z\_\_\_ \ R\_\_\_ \ Q\_\_\_ \ P\_\_\_ \ F\_\_\_ \begin{bmatrix} L\_\_\_ \\ K\_\_\_ \end{bmatrix} \ ;$$

(5) 지령 Word 의 의미

① G17 : XY 평면(G18 ZX평면, G19 YZ평면)을 선택한다.

② G＿ : 고정 사이클 종류(G73~G89)

③ G90 : 절대지령을 적용한다.

④ G91 : 증분지령을 적용한다.

⑤ G98 : 고정 사이클 완료 후 초기점으로 복귀한다.

⑥ G99 : 고정 사이클 완료 후 R점으로 복귀한다.

⑦ X＿ Y＿ : 구멍의 위치를 설정한다.

⑧ Z__ : 구멍의 깊이를 설정한다.

⑨ R__ : R점을 설정한다.

⑩ Q__ : 고정 사이클이 G73, G83이면 매회 절입량, 고정 사이클이 G76, G87이면 시프트 복귀거리를 설정한다.

⑪ P__ : 구멍 바닥에서의 드웰(휴지) 시간을 설정한다.

⑫ F : 이송속도를 설정한다.

⑬ K__ : 반복회수를 설정한다.

⑭ L__ : 반복회수를 설정한다.

※ FANUC 0 Series 이외의 시스템은 주소 L로 반복 횟수를 명령한다.

(6) 초기점 복귀와 R점 복귀

구멍 가공이 완료된 다음 절삭공구는 복귀 과정을 수행하게 된다. 고정 사이클에 G98 (초기점 복귀)와 G99 (R점 복귀) 중 선택하여 입력하면 입력된 G코드에 따라 G98의 경우에는 고정 사이클을 시작하는 초기점까지 복귀가 되며, G99는 고정 사이클에 설정한 R점까지 복귀하게 된다.

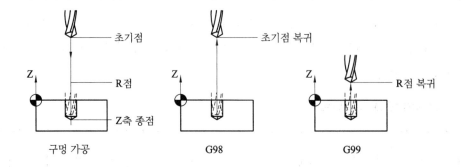

(7) 평면의 설정

G17은 XY평면을 설정하고 G18은 ZX평면을 설정하고 G19는 YZ평면을 설정한다. 그러나 평면 설정 G코드를 생략하면 G17(XY평면)로 설정된다. G17(XY평면)로 설정되면 X, Y축이 위치결정으로 Z축은 절삭 이송이 된다.

(8) 드릴 구멍의 관통 깊이 설정

표준 드릴의 선단각은 118°로 되어 있다. 드릴 구멍을 관통하여 가공하는 경우 구멍의 깊이를 공작물의 두께로 입력하면 선단각으로 인해 관통이 되지 않는다. 일반적으로 드릴로 관통하기 위해서는 구멍의 깊이를 구멍의 깊이에 드릴 직경의 1/3을 더하여 입력한다.

1) 드릴링 사이클(G81)

드릴링, 스폿 드릴링(spot drilling)등의 일반적인 구멍의 깊이가 깊지 않아 칩 배출이 원활한 구멍 가공에 사용되는 기능이다.

① 지령방법

$$(G17)\ G81 \begin{bmatrix} G90 \\ G91 \end{bmatrix} \begin{bmatrix} G98 \\ G99 \end{bmatrix} X\_\_\ Y\_\_\ Z\_\_\ R\_\_\ F\_\_\begin{bmatrix} L\_\_ \\ K\_\_ \end{bmatrix}\ ;$$

② 동작도

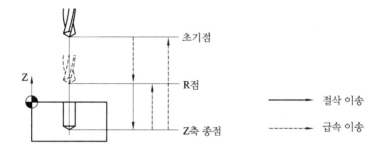

ⓐ G17 : XY 평면(G18 ZX평면, G19 YZ평면)을 선택한다.

ⓑ G81 : 드링릴 사이클으로 설정한다.

ⓒ G90 : 절대지령을 적용한다.

ⓓ G91 : 증분지령을 적용한다.

ⓔ G98 : 고정 사이클 완료 후 초기점으로 복귀한다.

ⓕ G99 : 고정 사이클 완료 후 R점으로 복귀한다.

ⓖ X__ Y__ : 구멍의 위치를 설정한다.

ⓗ Z__ : 구멍의 깊이를 설정한다.

ⓘ R__ : R점을 설정한다.

ⓙ F__ : 이송속도를 설정한다.

ⓚ K__ : 반복회수를 설정한다.

ⓛ L__ : 반복회수를 설정한다.

※ FANUC 0 Series 이외의 시스템은 주소 L로 반복 횟수를 명령한다.

③ 드릴링 사이클 적용의 예

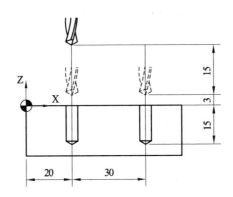

▶ 드릴링 사이클 프로그램 1

    G81 G90 G99 X20. Y___ Z-15. R3. F100;   첫 번째 구멍가공

                X50.;   두 번째 구멍가공

    G80 ;

▶ 드릴링 사이클 프로그램 2

    G90 G00 X20. Y___ ;   첫 번째 구멍가공 위치

    G81 G99 Z-15. R3. F100;   첫 번째 구멍가공

            X50.;   두 번째 구멍가공

    G80 ;

2) 심공 드릴링 사이클(G83)

깊은 구멍에 사용하며, G83 심공 드릴링 사이클(펙드릴링 사이클)은 일정 깊이를 가공하고 칩 제거를 위한 R점까지 이동하고 다시 일정 깊이를 더 가공하고 R점까지 이동을 반복하여 최종 구멍의 깊이까지 반복하는 기능이다.

① 지령방법

$$(G17)\ G83 \begin{bmatrix} G90 \\ G91 \end{bmatrix} \begin{bmatrix} G98 \\ G99 \end{bmatrix} X\_\_\_ \ Y\_\_\_ \ Z\_\_\_ \ R\_\_\_ \ Q\_\_\_ \ F\_\_\_ \begin{bmatrix} L\_\_\_ \\ K\_\_\_ \end{bmatrix} \ ;$$

※ Q에 입력한 값 만큼씩 R점에서 증분치로 절입후 R점까지 빠져 나왔다가 다시 Q 만큼 가공을 반복하는 펙 드릴링 사이클을 반복하여 Z축 종점에 이르게 되면 G98(초기점 복귀) 또는 G99(R점 복귀)를 실행한다.

② 동작도

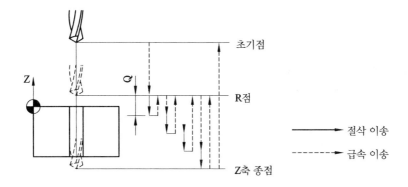

초기점

R점

절삭 이송

급속 이송

Z축 종점

ⓐ G17 : XY 평면(G18 ZX평면, G19 YZ평면)을 선택한다.

ⓑ G83 : 심공 드릴링 사이클을 설정한다.

ⓒ G90 : 절대지령을 적용한다.

ⓓ G91 : 증분지령을 적용한다.

ⓔ G98 : 고정 사이클 완료 후 초기점으로 복귀한다.

ⓕ G99 : 고정 사이클 완료 후 R점으로 복귀한다.

ⓖ X__ Y__ : 구멍의 위치를 설정한다.

ⓗ Z__ : 구멍의 깊이를 설정한다.

ⓘ R__ : R점을 설정한다.

ⓙ Q__ : 매회 절입량을 설정한다.

ⓚ F : 이송속도를 설정한다.

ⓛ K__ : 반복회수를 설정한다.

ⓜ L__ : 반복회수를 설정한다.

※ FANUC 0 Series 이외의 시스템은 주소 L로 반복 횟수를 명령한다.

③ 심공 드릴링 사이클 적용의 예

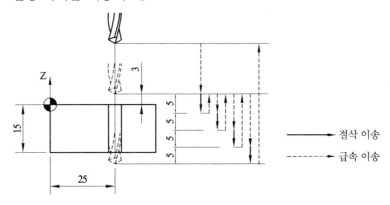

절삭 이송

급속 이송

▶ 심공 드릴링 사이클 프로그램

G83 G90 G98 X25. Y___ Z-20. R3. Q5. F200 ;

G80 ;

3) 고속 심공 드릴링 사이클(G73)

드릴 직경의 3배 이상의 깊은 구멍에 사용하며, 일정 깊이를 가공하고 칩 제거를 위한 R점까지 이동하지 않고 기계의 파라메터에 입력된 값 만큼 이동 했다가 다시 일정 깊이를 더 가공하여 후퇴량을 줄여 가공시간을 단축하는 기능이다.

① 지령방법

$$(G17) \; G73 \begin{bmatrix} G90 \\ G91 \end{bmatrix} \begin{bmatrix} G98 \\ G99 \end{bmatrix} X\_\_\_ Y\_\_\_ Z\_\_\_ R\_\_\_ Q\_\_\_ F\_\_\_ \begin{bmatrix} L\_\_\_ \\ K\_\_\_ \end{bmatrix} ;$$

※ Q에 입력한 값 만큼씩 R점에서 증분치로 절입후 R점까지 빠져 나오지 않고 기계의 파라메터에 입력된 값만큼만 빠져 나왔다가 다시 Q만큼 가공을 반복하는 펙 드릴링 사이클을 반복하여 Z축 종점에 이르게 되면 G98(초기점 복귀) 또는 G99(R점 복귀)를 실행한다.

② 동작도

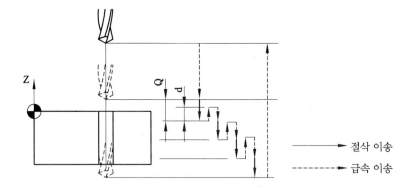

절삭 이송

급속 이송

ⓐ G17 : XY 평면(G18 ZX평면, G19 YZ평면)을 선택한다.

ⓑ G83 : 고속 심공 드릴링 사이클을 설정한다.

ⓒ G90 : 절대지령을 적용한다.

ⓓ G91 : 증분지령을 적용한다.

ⓔ G98 : 고정 사이클 완료 후 초기점으로 복귀한다.

ⓕ G99 : 고정 사이클 완료 후 R점으로 복귀한다.

ⓖ X__ Y__ : 구멍의 위치를 설정한다.

ⓗ Z__ : 구멍의 깊이를 설정한다.

ⓘ R__ : R점을 설정한다.

ⓙ Q__ : 매회 절입량을 설정한다.

ⓚ F : 이송속도를 설정한다.

ⓛ K__ : 반복회수를 설정한다.

ⓜ L__ : 반복회수를 설정한다.

※ FANUC 0 Series 이외의 시스템은 주소 L로 반복 횟수를 명령한다.

※ 후퇴량 d는 기계의 파라메터에 설정되어 있다.

③ 고속 심공 드릴링 사이클 적용의 예

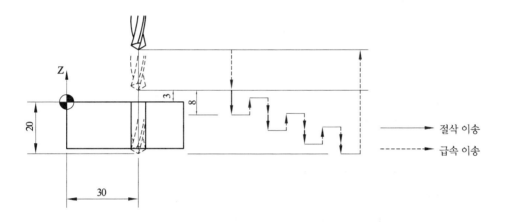

▶ 고속 심공 드릴링 사이클 프로그램

   G83 G90 G98 X30. Y__ Z-20. R3. Q8. F100 ;

   G80 ;

4) 탭핑 사이클(G84)

오른나사 가공 사이클로 구멍이 가공된 공작물에 암나사(탭) 가공하는 기능이다. 정회전으로 가공하고 역회전으로 빠져나오는 기능이다.

① 지령방법

$$(G17) \ G84 \begin{bmatrix} G90 \\ G91 \end{bmatrix} \begin{bmatrix} G98 \\ G99 \end{bmatrix} X\_\_\_ \ Y\_\_\_ \ Z\_\_\_ \ R\_\_\_ \ F\_\_ \begin{bmatrix} L\_\_ \\ K\_\_ \end{bmatrix} \ ;$$

탭핑은 탭의 회전 속도와 이송 속도가 일정해야 일정한 피치를 갖는 나사산을 가공할 수 있다. 탭의 회전 속도와 이송속도의 관계는 다음과 같다.

※ 이송속도 = 회전수 × 피치 (Pitch)

$$F = N[\text{rpm}] \times P[\text{mm}]$$

② 동작도

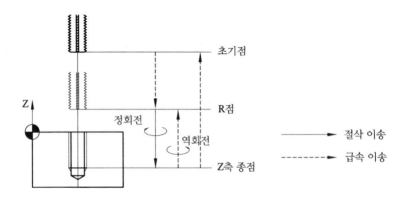

ⓐ G17 : XY 평면(G18 ZX평면, G19 YZ평면)을 선택한다.

ⓑ G84 : 탭핑 사이클을 설정한다.

ⓒ G90 : 절대지령을 적용한다.

ⓓ G91 : 증분지령을 적용한다.

ⓔ G98 : 고정 사이클 완료 후 초기점으로 복귀한다.

ⓕ G99 : 고정 사이클 완료 후 R점으로 복귀한다.

ⓖ X__ Y__ : 구멍의 위치를 설정한다.

ⓗ Z__ : 구멍의 깊이를 설정한다.

ⓘ R__ : R점을 설정한다.

ⓙ F : 이송속도를 설정한다.

ⓚ K__ : 반복회수를 설정한다.

ⓛ L__ : 반복회수를 설정한다.

※ FANUC 0 Series 이외의 시스템은 주소 L로 반복 횟수를 명령한다.

③ 탭핑 사이클(회전수 F=400) 적용의 예

회전수가 400[rpm]이므로

이송속도 = 회전수 × 피치 = 400 × 1.5 = 600

을 적용한다.

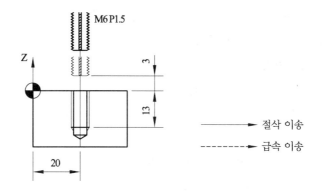

▶ 탭핑 사이클 프로그램

G84 G90 G98 X20. Y__ Z-13. R3. F600 ;

G80 ;

5) 역탭핑(왼나사) 사이클(G74)

구멍이 가공된 공작물에 암나사(탭) 가공을 왼나사로 가공하는 기능으로 역회전으로 가공하고 정회전으로 빠져나오는 기능이다.

① 지령방법

$$(G17)\ G74 \begin{bmatrix} G90 \\ G91 \end{bmatrix} \begin{bmatrix} G98 \\ G99 \end{bmatrix} X\_\_\_ \ Y\_\_\_ \ Z\_\_\_ \ R\_\_\_ \ \ F\_\_\_ \begin{bmatrix} L\_\_\_ \\ K\_\_\_ \end{bmatrix} \ ;$$

역탭핑(왼나사) 가공 역시 탭의 회전 속도와 이송 속도가 일정해야 일정한 피치를 갖는 나사산을 가공할 수 있다. 탭의 회전 속도와 이송속도의 관계는 다음과 갖다.

※ 이송속도 = 회전수 × 피치 (Pitch)

$$F = N[\text{rpm}] \times P[\text{mm}]$$

② 동작도

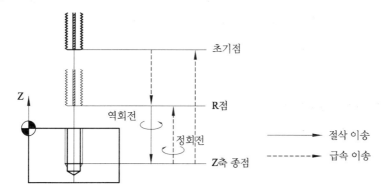

ⓐ G17 : XY 평면(G18 ZX평면, G19 YZ평면)을 선택한다.

ⓑ G74 : 역탭핑(왼나사) 사이클을 설정한다.

ⓒ G90 : 절대지령을 적용한다.

ⓓ G91 : 증분지령을 적용한다.

ⓔ G98 : 고정 사이클 완료 후 초기점으로 복귀한다.

ⓕ G99 : 고정 사이클 완료 후 R점으로 복귀한다.

ⓖ X__ Y__ : 구멍의 위치를 설정한다.

ⓗ Z__ : 구멍의 깊이를 설정한다.

ⓘ R__ : R점을 설정한다.

ⓙ F : 이송속도를 설정한다.

ⓚ K__ : 반복회수를 설정한다.

ⓛ L__ : 반복회수를 설정한다.

※ FANUC 0 Series 이외의 시스템은 주소 L로 반복 횟수를 명령한다.

③ 탭핑 사이클(회전수 F=300) 적용의 예

회전수가 300[rpm]이므로

$$이송속도 = 회전수 \times 피치 = 300 \times 1.5 = 450$$

을 적용한다.

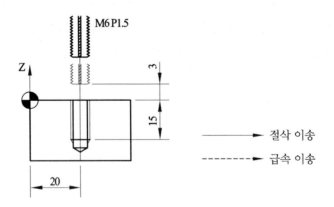

▶ 탭핑 사이클 프로그램

```
G74 G90 G98 X20. Y__ Z-15. R3. F450 ;
 G80 ;
```

6) 보링 사이클(G85)

구멍이 가공된 공작물에 보링 가공하는 경우 구멍 바닥에서 역회전을 하지 않고 정회전 으로 후퇴하면서 구멍내면을 다시 다듬게 되는 기능이다.

① 지령방법

$$(\text{G17}) \ \text{G85} \begin{bmatrix} \text{G90} \\ \text{G91} \end{bmatrix} \begin{bmatrix} \text{G98} \\ \text{G99} \end{bmatrix} \text{X}\_\_ \ \text{Y}\_\_ \ \text{Z}\_\_ \ \text{R}\_\_ \ \text{F}\_\_ \begin{bmatrix} \text{L}\_\_ \\ \text{K}\_\_ \end{bmatrix} \ ;$$

② 동작도

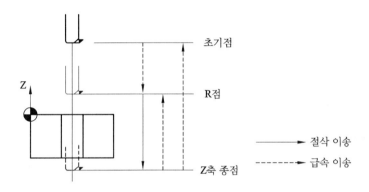

ⓐ G17 : XY 평면(G18 ZX평면, G19 YZ평면)을 선택한다.

ⓑ G85 : 보링 사이클을 설정한다.

ⓒ G90 : 절대지령을 적용한다.

ⓓ G91 : 증분지령을 적용한다.

ⓔ G98 : 고정 사이클 완료 후 초기점으로 복귀한다.

ⓕ G99 : 고정 사이클 완료 후 R점으로 복귀한다.

ⓖ X__ Y__ : 구멍의 위치를 설정한다.

ⓗ Z__ : 구멍의 깊이를 설정한다.

ⓘ R__ : R점을 설정한다.

ⓙ F : 이송속도를 설정한다.

ⓚ K__ : 반복회수를 설정한다.

ⓛ L__ : 반복회수를 설정한다.

※ FANUC 0 Series 이외의 시스템은 주소 L로 반복 횟수를 명령한다.

③ 보링 사이클 적용의 예

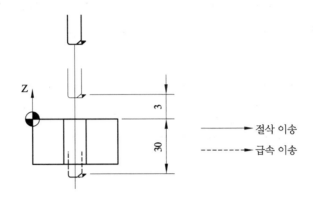

절삭 이송
급속 이송

▶ 보링 사이클 프로그램

G85 G90 G98 X___ Y___ Z-30.0 R3. F100 ;

G00 X30. ;

7) 카운터 보링 사이클(G82)

구멍이 가공된 공작물에 카운터 보링 가공에 구멍의 가공 깊이까지 내려간 다음 일정
시간 회전은 하면서 바닥면을 다듬는 기능이다.

① 지령방법

$$(G17) \; G82 \begin{bmatrix} G90 \\ G91 \end{bmatrix} \begin{bmatrix} G98 \\ G99 \end{bmatrix} X\_\_ \; Y\_\_ \; Z\_\_ \; R\_\_ \; P\_\_ \; F\_\_ \begin{bmatrix} L\_\_ \\ K\_\_ \end{bmatrix} \; ;$$

드릴링 사이클과 동일하나 P를 삽입하여 구멍 가공 종점에서 주어진 시간 동안 휴지
시간(잠시 멈춤)을 갖는다.

② 동작도

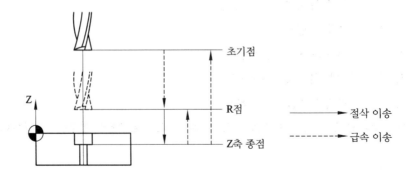

초기점

R점

Z축 종점

절삭 이송
급속 이송

ⓐ G17 : XY 평면(G18 ZX평면, G19 YZ평면)을 선택한다.

ⓑ G82 : 카운터 보링 사이클을 설정한다.

ⓒ G90 : 절대지령을 적용한다.

ⓓ G91 : 증분지령을 적용한다.

ⓔ G98 : 고정 사이클 완료 후 초기점으로 복귀한다.

ⓕ G99 : 고정 사이클 완료 후 R점으로 복귀한다.

ⓖ X__ Y__ : 구멍의 위치를 설정한다.

ⓗ Z__ : 구멍의 깊이를 설정한다.

ⓘ R__ : R점을 설정한다.

ⓙ P__ : 구멍 바닥에서의 드웰(휴지) 시간을 설정한다.

ⓚ F : 이송속도를 설정한다.

ⓛ K__ : 반복회수를 설정한다.

ⓜ L__ : 반복회수를 설정한다.

※ FANUC 0 Series 이외의 시스템은 주소 L로 반복 횟수를 명령한다.

8) 정밀 보링 사이클(G76)

보링 가공 완료하고 보링 바이트가 급속 이송으로 올라오면 바이트의 인선과 공작물 내면에 Tool mark가 남게 된다. 정밀한 보링 가공에서는 보링 가공후 보링 바이트 반대로 일정량 움직여 급속 이송으로 올라오게 되면 Tool mark가 남지 않게 되는 기능이다.

① 지령방법

$$(G17) \ G76 \begin{bmatrix} G90 \\ G91 \end{bmatrix} \begin{bmatrix} G98 \\ G99 \end{bmatrix} X\_\_\_ \ Y\_\_\_ \ Z\_\_\_ \ R\_\_\_ \ Q\_\_\_ \ F\_\_ \begin{bmatrix} L\_\_ \\ K\_\_ \end{bmatrix} \ ;$$

Q : 구멍의 바닥에서의 시프트 복귀량을 설정한다.

② 동작도

ⓐ G17 : XY 평면(G18 ZX평면, G19 YZ평면)을 선택한다.

ⓑ G76 : 정밀 보링 사이클을 설정한다.

ⓒ G90 : 절대지령을 적용한다.

ⓓ G91 : 증분지령을 적용한다.

ⓔ G98 : 고정 사이클 완료 후 초기점으로 복귀한다.

ⓕ G99 : 고정 사이클 완료 후 R점으로 복귀한다.

ⓖ X__ Y__ : 구멍의 위치를 설정한다.

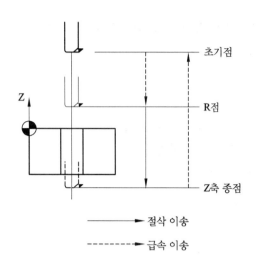
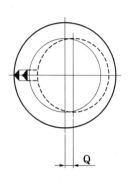

초기점

R점

Z

Z축 종점

────▶ 절삭 이송

--------▶ 급속 이송

Q

ⓗ Z__ : 구멍의 깊이를 설정한다.

ⓘ R__ : R점을 설정한다.

ⓙ Q__ : 시프트 복귀량을 설정한다.

ⓚ F : 이송속도를 설정한다.

ⓛ K__ : 반복회수를 설정한다.

ⓜ L__ : 반복회수를 설정한다.

※ FANUC 0 Series 이외의 시스템은 주소 L로 반복 횟수를 명령한다.

9) 백 보링 사이클(G87)

구멍이 가공된 공작물에 반대 면에 보링 가공을 해야 하는 경우 보링바이트가 구멍의 센터를 따라 이동하지 않고 보링 바이트 반대로 일정량 움직여 내려가고 이동량 만큼을 원위치로 이동하여 센터에 일치시키고 보링 가공을 하고 가공이 완료되면 보링 바이트 반대로 일정량 움직여 올라와서 가공을 마무리하는 기능이다.

① 지령방법

$$(G17) \ G87 \begin{bmatrix} G90 \\ G91 \end{bmatrix} \begin{bmatrix} G98 \\ G99 \end{bmatrix} X\_\_\_ \ Y\_\_\_ \ Z\_\_ \ R\_\_\_ \ Q\_\_\_ \ F\_\_ \begin{bmatrix} L\_\_\_ \\ K\_\_\_ \end{bmatrix} \ ;$$

Q : 구멍 진입 전과 구멍가공후의 가공을 위한 시프트 복귀량을 설정한다.

② 동작도

ⓐ G17 : XY 평면(G18 ZX평면, G19 YZ평면)을 선택한다.

ⓑ G87 : 백 보링 사이클을 설정한다.

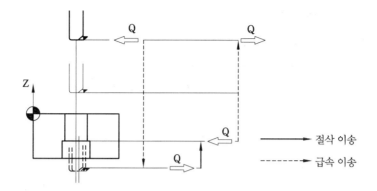

ⓒ G90 : 절대지령을 적용한다.

ⓓ G91 : 증분지령을 적용한다.

ⓔ G98 : 고정 사이클 완료 후 초기점으로 복귀한다.

ⓕ G99 : 고정 사이클 완료 후 R점으로 복귀한다.

ⓖ X__ Y__ : 구멍의 위치를 설정한다.

ⓗ Z__ : 구멍의 깊이를 설정한다.

ⓘ R__ : R점을 설정한다.

ⓙ Q__ : 시프트 복귀량을 설정한다.

ⓚ F : 이송속도를 설정한다.

ⓛ K__ : 반복회수를 설정한다.

ⓜ L__ : 반복회수를 설정한다.

※ FANUC 0 Series 이외의 시스템은 주소 L로 반복 횟수를 명령한다.

10) 보링 사이클(G88)

Z축 종점까지 가공 후 멈추었다가 자동개시를 눌러야 복귀과정이 이루어지는 기능이다.

① 지령방법

$$
(G17)\ G88 \begin{bmatrix} G90 \\ G91 \end{bmatrix} \begin{bmatrix} G98 \\ G99 \end{bmatrix} X\_\_\ Y\_\_\ Z\_\_\ R\_\_\_\ P\_\_\_\ F\_\_\_\ ;
$$

Q : 구멍 진입 전과 구멍가공후의 가공을 위한 이동량 지정

② 동작도

ⓐ G17 : XY 평면(G18 ZX평면, G19 YZ평면)을 선택한다.

ⓑ G87 : 백 보링 사이클을 설정한다.

ⓒ G90 : 절대지령을 적용한다.

ⓓ G91 : 증분지령을 적용한다.

ⓔ G98 : 고정 사이클 완료 후 초기점으로 복귀한다.

ⓕ G99 : 고정 사이클 완료 후 R점으로 복귀한다.

ⓖ X__ Y__ : 구멍의 위치를 설정한다.

ⓗ Z__ : 구멍의 깊이를 설정한다.

ⓘ R__ : R점을 설정한다.

ⓙ P__ : P__ : 구멍 바닥에서의 드웰(휴지) 시간을 설정한다.

ⓚ F : 이송속도를 설정한다.

11) 보링 사이클(G89)

Z축 종점까지 가공 후 드웰 지령이 추가된 기능이다.

① 지령방법

$$(\text{G17}) \ \text{G89} \begin{bmatrix} \text{G90} \\ \text{G91} \end{bmatrix} \begin{bmatrix} \text{G98} \\ \text{G99} \end{bmatrix} \text{X} \_\_\_ \ \text{Y} \_\_\_ \ \text{Z} \_\_\_ \ \text{R} \_\_\_ \ \text{P} \_\_\_ \ \text{F} \_\_\_ \ ;$$

Q : 구멍 진입 전과 구멍가공후의 가공을 위한 이동량 지정

② 동작도

ⓐ G17 : XY 평면(G18 ZX평면, G19 YZ평면)을 선택한다.

ⓑ G87 : 백 보링 사이클을 설정한다.

ⓒ G90 : 절대지령을 적용한다.

ⓓ G91 : 증분지령을 적용한다.

ⓔ G98 : 고정 사이클 완료 후 초기점으로 복귀한다.

ⓕ G99 : 고정 사이클 완료 후 R점으로 복귀한다.

ⓖ X__ Y__ : 구멍의 위치를 설정한다.

ⓗ Z__ : 구멍의 깊이를 설정한다.

ⓘ R__ : R점을 설정한다.

ⓙ P__ : P__ : 구멍 바닥에서의 드웰(휴지) 시간을 설정한다.

ⓚ F : 이송속도를 설정한다.

12) 고정 사이클 취소(G80)

고정 사이클 취소 기능이다.

① 지령방법

> G80;

3.2.11 기타 기능

(1) 나사 가공(G33)

나사가공은 나사 바이트를 사용하여 일정한 피치를 갖게 가공해야 한다. 일반적으로 CNC선반에서 나사 가공을 하지만 머시닝센터에서도 보링 바이트에 나사가공용 인서트를 끼워 나사가공을 할 수 있다.

G33 기능은 매 1회 절삭마다 주축을 정위치 정지 시키고 나사 바이트의 길이를 조절해야 가공이 가능하다.

① 지령방법

> G90   G33   Z___   F___ ;

② G코드의 의미

ⓐ Z ___ : 나사 가공의 깊이로 Z축 종점 좌표

ⓑ F ___ : 가공하려는 나사의 피치 값으로 바이트의 1회전당 Z축 이송량과 동일하다.

(2) 헬리컬(나선) 지령 (G02, G03)

주어진 평면에 원호를 지령하면서 주어진 평면에 수직하는 좌표 점을 추가하여 나선형의 이동이 가능하며, 원통 캠 가공과 나사절삭 가공을 한다.

① XY평면의 나선 지령방법

> G17 $\begin{bmatrix} G90 \\ G91 \end{bmatrix}$ $\begin{bmatrix} G02 \\ G03 \end{bmatrix}$ X___ Y___ $\begin{bmatrix} R\_\_ \\ I\_\_ \ J\_\_ \end{bmatrix}$ Z___ F___ ;

② ZX평면의 나선 지령방법

> G18 $\begin{bmatrix} G90 \\ G91 \end{bmatrix}$ $\begin{bmatrix} G02 \\ G03 \end{bmatrix}$ X___ Y___ $\begin{bmatrix} R\_\_ \\ I\_\_ \ K\_\_ \end{bmatrix}$ Z___ F___ ;

③ YZ평면의 나선 지령방법

$$\text{G19} \begin{bmatrix} \text{G90} \\ \text{G91} \end{bmatrix} \begin{bmatrix} \text{G02} \\ \text{G03} \end{bmatrix} \text{X}\_\_\_ \quad \text{Y}\_\_\_ \begin{bmatrix} \text{R}\_\_\_ \\ \text{J}\_\_\_ \quad \text{K}\_\_\_ \end{bmatrix} \quad \text{Z}\_\_\_ \quad \text{F}\_\_\_ \text{ ;}$$

(3) 단위계 설정(G20, G21)

도면의 단위가 inch, mm에 따라서 치수를 환산하지 않고 G코드로서 변환 지령이 가능하다.

① 지령방법

$$\begin{bmatrix} \text{G20} \\ \text{G21} \end{bmatrix} \text{ ;}$$

② G코드의 의미

G 코 드	단 위 계	최소설정단위
G20	Inch	0.0001 [inch]
G21	mm	0.001 [mm]

단위계설정 G코드는 모달 명령으로 실행되면 프로그램에 입력된 단위가 변경되더라도 CNC 공작기계에 입력된 공구 보정 값, 그리고 공작물 좌표계에 입력된 단위는 변경되지 않는다.

(4) 스케일링 기능 (G50, G51)

동일한 형상이 일정 거리를 두고 반복 가공이 반복되는 가공에서 가공되는 프로그램에 의한 형상의 크기를 축소 또는 확대하여 가공하는 기능이다. 공구 보정 값은 스케일이 적용되지 않는다.

① 지령방법

ⓐ 동일 배율의 스케일링 적용

```
G51  X___  Y___  Z___  P___ ;
```

ⓑ 각 축별 배율의 스케일링 적용

```
G51  X___  Y___  Z___  I___  J___  K___ ;
```

ⓒ 스케일링 해제

```
G50 ;
```

② 지령 워드의 의미

ⓐ X __ Y __ Z __ : 스케일링 지령의 중심좌표 값을 절대지령으로 입력

ⓑ P : 스케일링의 배율을 입력 (예 : 3배 확대 = P3, 0.5배 축소 = P0.5)

ⓒ I __ : X 축의 스케일링 값을 입력한다.

ⓓ J ___ : Y 축의 스케일링 값을 입력한다.

ⓔ K __ : Z 축의 스케일링 값을 입력한다.

(5) 미러 이미지 기능 (G50, G51)

G50 및 G51은 스케일링 기능 이외에 지령하는 방법에 따라 미러 이미지(반전 이미지) 가공으로도 사용된다.

미러 이미지는 하나의 축을 기준으로 하나의 형상이 거울에 비쳐진 모습처럼 가공할 때, 사용한다. CNC 공작기계에서 미러 이미지(G51)가 실행되면 +X 축 방향 이동을 프로그램하면 −X축 방향으로 이동한다.

① 지령방법

ⓐ 미러 이미지 적용

```
G51  X___  Y___  Z___  I-___  J-___  K-___ ;
```

ⓑ 미러 이미지 해제

```
G50 ;
```

② 지령 워드의 의미

ⓐ X __ Y __ Z __ : 미러 이미지의 중심좌표 값을 절대지령으로 입력

ⓑ I -__ : 마이너스(−) 부호가 입력되면 X 축 반전

ⓒ J- __ : 마이너스(−) 부호가 입력되면 Y 축 반전

ⓓ K- __ : 마이너스(−) 부호가 입력되면 Z 축 반전

(6) 극좌표 지령 (G15, G16)

가공 좌표는 직교 좌표을 기준으로 입력하는데, 길이와 방위각으로 좌표점을 입력하는

방식을 극좌표 지령이라 한다.

길이는 일반적으로 원호반경과 각도를 지령하여 원주상의 좌표를 쉽게 입력하는 기능이다.

① 지령방법

    ⓐ 극좌표 적용

> G16 X___ Y___ ;

    ⓑ 극좌표 해제

> G15 ;

② 지령 워드의 의미

    ⓐ G16 : 극좌표 설정

    ⓑ X __ : 극좌표 지령의 원호 반경 또는 길이

    ⓒ Y __ : 극좌표 각도 입력으로 방위각의 기준은 3시 방향이 0°로 "+"는 반싯P 방향, "-"는 시계 방향으로 입력

    ⓓ G15 : 극좌표 취소

(7) 좌표회전 (G68, G69)

좌표회전 기능은 설정된 직교 좌표를 일정한 각도로 회전하여 프로그램하고 가공하는 기능으로 각각의 좌표를 삼각함수로 계산하지 않고 좌표를 일정한 각도로 회전하므로 편리하게 프로그램 하는 기능이다.

① 지령방법

    ⓐ 좌표회전 지령

> $\begin{bmatrix} G17 \\ G18 \\ G19 \end{bmatrix}$ G68 $\begin{bmatrix} X\_\_\_ & X\_\_\_ \\ X\_\_\_ & Z\_\_\_ \\ Y\_\_\_ & Z\_\_\_ \end{bmatrix}$ R___ ;

    ⓑ 좌표회전 지령 취소

> G69 ;

② G코드의 의미

ⓐ G68 좌표계 회전

ⓑ G17 X __ Y __ : G17평면과 회전중심의 좌표 값

ⓒ G18 X __ Z __ : G18평면과 회전중심의 좌표 값

ⓓ G19 Y __ Z __ : G19평면과 회전중심의 좌표 값

ⓔ R : 회전 각도 입력

ⓕ G69 : 좌표계 회전 해제

(8) 금지 역역 설정 및 해제 (G22/G23)

바이스가 설치된 영역, 장동측정 장치가 설치된 영역으로 절삭공구가 이동하거나 공구의 돌발적인 이탈을 방지하고, 안전한 가공이 이루어지도록 공구의 이동영역을 설정하여 제한하는 기능이다.

CNC공자기계의 이동거리의 제한은 Limit Switch를 사용하여 설정하고 있으나, 공작물의 형상 및 가공 환경에 따라 프로그램으로 이동 금지 영역을 설정한다.

① 지령방법

ⓐ 이동금지 영역 설정 지령

```
G22  X___  Y___  Z___  I___  J___  K___ ;
```

ⓑ 이동금지 영역 설정 취소

```
G23 ;
```

② G코드의 의미

ⓐ G22 : 이동금지 영역 설정

ⓑ X __ Y __ Z __ : 이동금지 영역의 모서리 점으로 기계 원점부터 가까운 점으로 설정

ⓒ I __ J __ K __ : 이동금지 영역의 대각선 모서리 점으로 I값 > X값, J값 > Y값, K값 > Z값 과 같이 I __ J __ K __ 의 값이 항상 X __ Y __ Z __ 의 값보다 커야 한다.

ⓓ G23 이동금지 영역 취소

3.3 머시닝센터 프로그램 실습

▶ 머시닝센터 가공 프로그램 연습-1

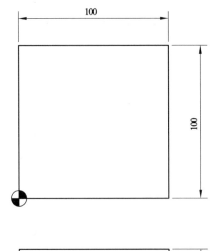

● 기계원점

• Programing

O0010 ;	Program 번호
G40 G49 G80;	공구경 보정 취소, 공구 길이 보정 취소, 고정사이클 취소
G91 G28 X0. Y0. Z0. ;	증분좌표로 X0. Y0. Z0.을 경유하여 원점 복귀
T01 M06;	1번 공구로 교환
G90 G54 ;	절대 좌표계 설정, 공작물 좌표계 선택
G00 X-10. Y-10. Z200. ;	X-10. Y-10. Z200.으로 급속이송
S800 M03;	800rpm으로 주축 정회전
G43 Z100. H01 ;	Z150.까지 이송하여 H01에 입력된 값만큼 길이 +보정
Z5. ;	Z5.까지 이송
G01 Z-10.0 F800 M08 ;	Z-10. 까지 800mm/min으로 이송, 절삭유 ON
G41 X0. D01;	X0.까지 이송하면서 D01에 입력한 값만큼 좌측보정
X0. Y100. ;	Y100.까지 이송
X100. Y100.;	X100.까지 이송
X100. Y0.;	Y0.까지 이송
X-10.;	X-10.까지 이송
G00 Z10. M09 ;	Z10.까지 급속 이송, 절삭유 OFF
Z100. G49 M05 ;	Z10.까지 급속 이송하면서, 공구길이보정 취소, 주축정지
M02 ;	프로그램 종료

▶ 머시닝센터 가공 프로그램 연습-2

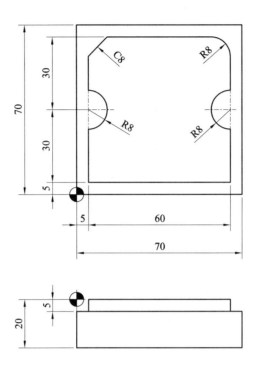

• 머시닝 센터 프로그램 예

O0020 ;	Program 번호
G40 G49 G80;	공구경 보정 취소, 공구 길이 보정 취소, 고정사이클 취소
G28 G91 X0. Y0. Z0. ;	증분좌표로 X0. Y0. Z0.을 경유하여 원점 복귀
(G30 G91 Z0. M19;)	(제2원점 복귀, 주축 정위치 정지)
T01 M06;	1번 공구로 교환
G90 G54 ;	절대 좌표계 설정, 공작물 좌표계 선택
G00 X-10. Y-10. Z200. ;	X-10. Y-10. Z200.으로 급속이송
S800 M03;	800rpm으로 주축 정회전
G43 Z100. H01 ;	Z150.까지 이송하여 H01에 입력된 값만큼 길이 +보정
Z5. ;	Z5.까지 이송
G01 Z-5. F800 M08 ;	Z-5.까지 800mm/min으로 이송, 절삭유 ON
G41 X5. D01;	X5.까지 이송하면서 D01에 입력한 값만큼 좌측보정
X5. Y27. ;	Y27.까지 직선 절삭이송
G03 X5. Y43. R8. ;	X5. Y43.까지 반지름8로 반시계 방향 원호 절삭이송
G01 X5. Y57. ;	X5. Y57.까지 직선 절삭이송
X13. Y65. ;	X13. Y65.까지 직선 절삭이송

X57. Y 65. ;	X57. Y 65.까지 직선 절삭이송
G02 X65. Y 57. R8. ;	X65. Y 57.까지 반지름8로 시계 방향 원호 절삭이송
G01 X65. Y43. ;	X65. Y43까지 직선 절삭이송
G03 X65. Y27. R8. ;	X65. Y27.까지 반지름8로 반시계 방향 원호 절삭이송
G01 X65. Y 5. ;	X65. Y 5.까지 직선 절삭이송
X-10. ;	X-10.까지 직선 절삭이송
Z10. M08 ;	Z10.까지 직선 이송, 절삭유 OFF
G49 G40 Z150. M05;	공구장보정 취소, 공구경 보정 취소, Z150.까지 급속 이송, 주축정지
M02 ;	프로그램 종료

▶ 머시닝센터 가공 프로그램 연습-3   ▶ 머시닝센터 가공 프로그램 연습-4

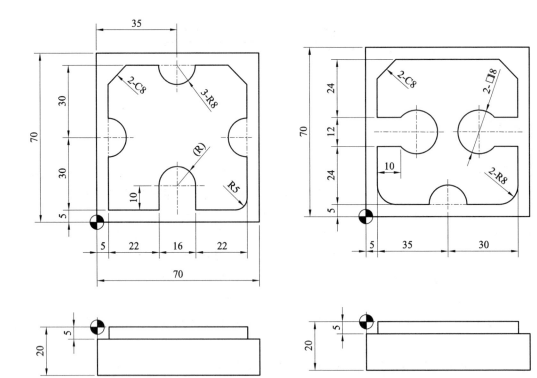

▶ 머시닝센터 가공 프로그램 연습-5

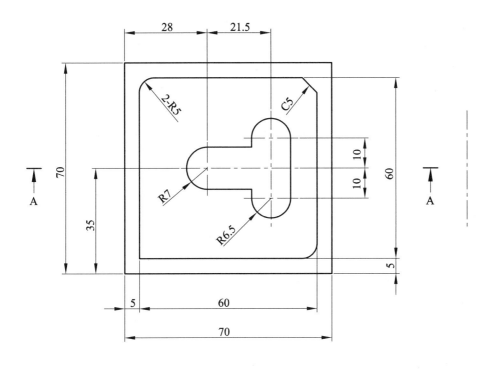

단면 **A-A**

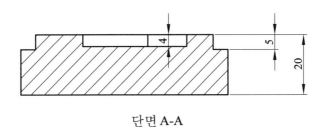

공구 번호	공구	비 고
T01	∅16 FEM	외측 형상 가공
T02	∅10 FEM	내측 형상(포켓) 가공

• **머시닝 센터 프로그램 예**

O0050 ;	Program 번호
G40 G49 G80;	공구경 보정 취소, 공구 길이 보정 취소, 고정사이클 취소
G28 G91 X0. Y0. Z0. ;	증분좌표로 X0. Y0. Z0.을 경유하여 원점 복귀

(G30 G91 Z0. M19;)	(제2원점 복귀, 주축 정위치 정지)
T01 M06;	1번 공구로 교환
G90 G54 ;	절대 좌표계 설정, 공작물 좌표계 선택
G00 X-10. Y-10. Z200. ;	X-10. Y-10. Z200.까지 급속이송
Z150. S800 M03;	Z150.까지 이송하며 800rpm으로 주축 정회전
G43 Z100. H01 ;	Z100.까지 이송하며 H01에 입력된 값만큼 길이 +보정
Z5. ;	Z5.까지 이송
G01 Z-5. F800 M08 ;	Z-5.까지 800mm/min으로 이송, 절삭유 ON
G41 X5. D01;	X5.까지 이송하면서 D01에 입력한 값만큼 좌측보정
X5. Y60. ;	X5. Y60.까지 직선 절삭이송
G02 X10. Y65. R5. ;	X10. Y65.까지 반지름 5로 시계방향 원호 절삭이송
G01 X60. Y65. ;	X60. Y65.까지 직선 절삭이송
X65. Y60. ;	X65. Y60.까지 직선 절삭이송
X65. Y10. ;	X65. Y10.까지 직선 절삭이송
G02 X60. Y5. R5. ;	X60. Y5.
G01 X-10. Y5. ;	X-10. Y5.까지 직선 절삭이송
Z10. M09;	Z10.까지 직선 이송, 절삭유 OFF
G00 Z150. ;	Z150.까지 직선 이송
G28 G91 Z0. ;	증분좌표로 Z0.을 경유하여 원점 복귀
(G30 G91 Z0. M19;)	(제2원점 복귀, 주축 정위치 정지)
T02 M06 ;	2번 공구로 교환
G90 G54 ;	절대 좌표계 설정, 공작물 좌표계 선택
G00 X28. Y35. ;	X28. Y35.까지 급속이송
Z150. S1000 M03 ;	Z150.까지 이송하며 1000rpm으로 주축 정회전
G43 Z100. H02 ;	Z100.까지 이송하며 H02에 입력된 값만큼 길이 +보정
Z5. ;	Z5.까지 이송
G01 Z-4. F150 M08;	Z-5.까지 150mm/min으로 이송, 절삭유 ON
G41 X56. D02 ;	X56.까지 이송하면서 D01에 입력한 값만큼 좌측보정
Y45. ;	Y45.까지 직선 절삭이송
G91 G03 X-13. R6.5 ;	증분 좌표 X-13.까지 반지름 5로 반시계방향 원호 절삭이송
G01 X0. Y-3. ;	증분 좌표 Y-3.까지 직선 절삭이송
X-15. Y0. ;	증분 좌표 X-15.까지 직선 절삭이송
G03 X0. Y-14. R7. ;	증분 좌표 Y-14.까지 반지름 5로 반시계방향 원호 절삭이송
G01 X15. Y0. ;	증분 좌표 X15.까지 직선 절삭이송
X0. Y-3. ;	증분 좌표 Y-3.까지 직선 절삭이송
G03 X13. Y0. R6.5 ;	증분 좌표 X13.까지 반지름 5로 반시계방향 원호 절삭이송

G01 X0. Y20. ;	증분 좌표 Y20.까지 직선 절삭이송
Z10. ;	증분 좌표 Z10.까지 직선 이송
G00 Z100. M09 ;	증분 좌표 Z100.까지 직선 급속이송, 절삭유 OFF
G49 G40 Z150. M05;	공구장보정 취소, 공구경 보정 취소, Z150.까지 급속 이송, 주축정지
M02 ;	프로그램 종료

머시닝센터 가공 1

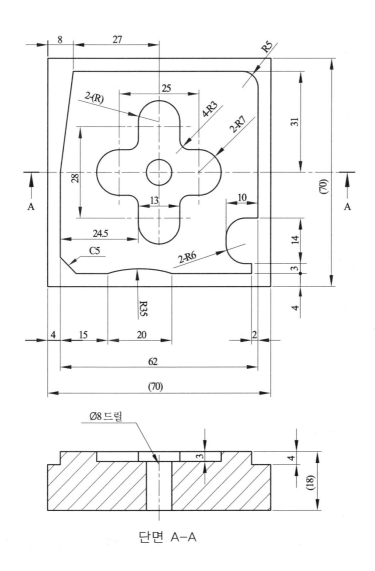

단면 A–A

공구 번호	공 구	비 고
T01	∅80 Face Mill	
T02	∅3 Center drill	
T03	∅7 D	
T04	∅10 FEM	

페이스밀 가공-T01

```
O6001 ;
G40 G49 G80 G17 ;
G28 Z0. ;                (수동 원점 복귀시 생략 가능)
G28 X0. Y0. ;            (수동 원점 복귀시 생략 가능)
G30 G91 Z0. M19 ;        (기계원점에서 공구 교환 가능 기종에서는 생략)
T01 M06 ;
G54 G90;
G00 X120. Y35. Z200. S1000 M03 ;
G43 Z150. H01 ;
G00 Z10. ;
G01 Z-2. F100 M08 ;
G01 X-50. ;
G00 Z150. M09 ;
G49 Z200 .;
```

센터드릴 가공-T02

```
G30 G91 Z0. M19 ;
T02 M06 ;
G54 G90 G00 X35. Y35. ;
G43 H02 Z00. ;
S1000 M03 ;
Z5. ;
G01 Z-2. F120 M08 ;
G00 Z50. M09 ;
G49 Z150. M09 ;
M05 ;
```

드릴 가공-T03

```
G30 G91 Z0. M19 ;        (공구 교환 매크로 실행되는 기계에서는 생략)
```

T03 M06 ;

G90 G00 Z100. G43 H03 ;

S1000 M03 ;

Z5. M08 ;

G83 G99 Z-26. R3. Q3. F120 ;

G80 ;

G00 Z50. ;

G49 Z150. ;

엔드밀 외곽 가공-T04

G30 G91 Z0. M19 ;   (공구 교환 매크로 실행되는 기계에서는 생략)

T04 M06 ;

G54 G90 G00 X-10. Y-10. ;

G43 H04 Z100. ;

S1800 M03 ;

G01 Z5. F1000 ;

Z-4. F100 M08 ;

G41 X4. D04 ;

Y0. ;

Y66. ;

X66. ;

Y4. ;

X4. ;

Y35. ;

G91 X4. Y31. ;

X53. ;

G02 X5. Y-5. R5. ;

G01 Y-40. ;

X-4. ;

G03 X-6. Y-6. R6. ;

G01 Y-2. ;

G03 X6. Y-6. R6. ;

G01 X2. ;

Y-3. ;

X-25. ;

G03 X-20. R35. ;

G01 X-10. ;

X-5. Y5. ;

X-15. ;

G40 Y5. G90 G00 Z150. ;

엔드밀 내부 가공-T01

X35. Y35. ;

Z50. ;

Z5. ;

G01 Z-4. ;

X47.5 ;

Y28. G41 D04 ;

G91 G03 Y14. R7. ;

G01 X-3. ;

G02 X-3. Y3. R3. ;

G01 Y4. ;

G03 X-13. R6.5 ;

G01 Y-4. ;

G02 X-3. Y-3. R3. ;

G01 X-3. ;

G03 Y-14. R7. ;

G01 X3. ;

G02 X3. Y-3. R3. ;

G01 Y-4. ;

G03 X13. R6.5 ;

G01 Y4. ;

G02 X3. Y3. R3. ;

G01 X3. ;

Z5. ;

G90 G00 Z50. M09 ;

G49 G40 Z150. ;

M05 ;

M02 ;

머시닝센터 가공 2

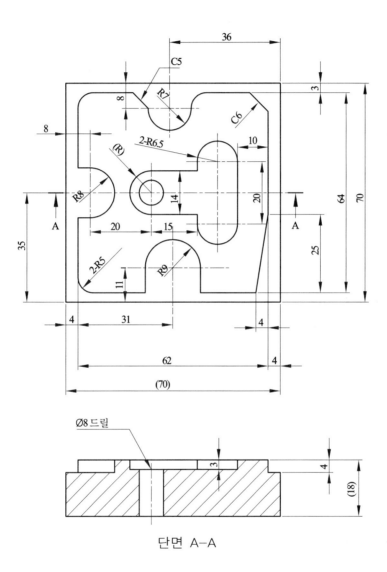

단면 A-A

공구 번호	공 구	비 고
T01	∅80 Face Mill	
T02	∅3 Center drill	
T03	∅7 D	
T04	∅10 FEM	

페이스밀 가공-T01

```
O6002 ;
G40 G49 G80 G17 ;
G28 Z0. ;                    (수동 원점 복귀시 생략 가능)
G28 X0. Y0. ;                (수동 원점 복귀시 생략 가능)
G30 G91 Z0. M19 ;            (기계원점에서 공구 교환 가능 기종에서는 생략)
T01 M06 ;
G54 G90;
G00 X120. Y35. Z200. S1000 M03 ;
G43 Z150. H01 ;
G00 Z10. ;
G01 Z-2. F100 M08 ;
G01 X-50. ;
G00 Z150. M09 ;
G49 Z200 .;
```

센터드릴 가공-T02

```
G30 G91 Z0. M19 ;
T02 M06 ;
G54 G90 G00 X28. Y35. ;
G43 H02 Z100. ;
S1000 M03 ;
Z5. ;
G01 Z-2. F120 M08 ;
G00 Z50. M09 ;
G49 Z150. ;
```

드릴 가공-T03

```
G30 G91 Z0. M19 ;
T03 M06 ;
G90 G00 Z100. G43 H03 ;
S1000 M03 ;
Z5. ;
G83 G99 Z-26. R3. Q3. F120 M08 ;
G80 ;
G00 Z50. M09 ;
```

G49 Z150. ;

엔드밀 외곽 가공-T04

G30 G91 Z0. M19 ;

T04 M06 ;

G54 G90 G00 X-10. Y-10. ;

G43 H04 Z100. ;

S1800 M03 ;

G01 Z5. F1000 ;

Z-4. F100 M08 ;

G41 X4. D04 ;

Y0. ;

Y67. ;

X66. ;

Y3. ;

X4. ;

Y27. ;

G91 X4. ;

G03 Y16. R8. ;

G01 X-4. ;

Y19. ;

G02 X5. Y5. R5. ;

G01 X14. ;

X5. Y-5. ;

G03 X14. R7. ;

G02 X5. Y5. R5. ;

G01 X13. ;

X6. Y-6. ;

Y-33. ;

X-4. Y-25. ;

X-18. ;

Y7. ;

G03 X-18. R9. ;

G01 Y-7. ;

X-17. ;

G02 X-5. Y5. R5. ;

G01 X-15. ;

G40 Y-5. ;

Z5. ;

G90 G00 Z150. ;

엔드밀 내부 가공-T01

X28. Y35. ;

Z50. ;

Z5. M08 ;

G01 Z-3. ;

G90 X56. G41 D04 ;

Y45. ;

G91 G03 X-13. R6.5 ;

G01 Y-3. ;

X-15. ;

G03 Y-14. R7. ;

G01 X15. ;

Y-3. ;

G03 X13. R6.5 ;

G01 Y20. ;

G00 Z5. ;

G90 G00 Z50. M09 ;

G49 G40 Z150. ;

M05 ;

M02 ;

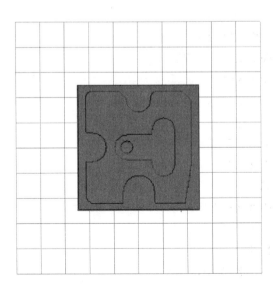

머시닝센터 가공 3

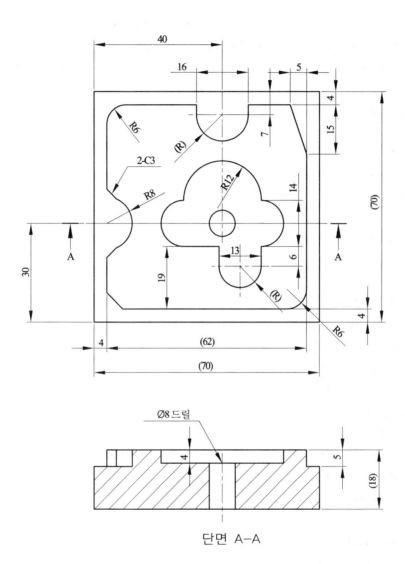

단면 A-A

공구 번호	공 구	비 고
T01	Ø80 Face Mill	
T02	Ø3 Center drill	
T03	Ø7 D	
T04	Ø10 FEM	

페이스밀 가공-T01

```
O6003 ;
G40 G49 G80 G17 ;
G28 Z0. ;                    (수동 원점 복귀시 생략 가능)
G28 X0. Y0. ;                (수동 원점 복귀시 생략 가능)
G30 G91 Z0. M19 ;            (기계원점에서 공구 교환 가능 기종에서는 생략)
T01 M06 ;
G54 G90;
G00 X120. Y35. Z200. S1000 M03 ;
G43 Z150. H01 ;
G00 Z10. ;
G01 Z-2. F100 M08 ;
G01 X-50. ;
G00 Z150. M09 ;
G49 Z200 .;
```

센터드릴 가공-T02

```
G30 G91 Z0. M19 ;
T02 M06 ;
G54 G90 G00 X40. Y30. ;
G43 H02 Z100. ;
S1000 M03 ;
Z5. ;
G01 Z-2. F120 M08 ;
G00 Z50. M09 ;
G49 Z150. M05 ;
```

드릴 가공-T03

```
G30 G91 Z0. M19 ;
T03 M06 ;
G90 G00 Z100. G43 H03 ;
S1000 M03 ;
Z5. ;
G83 G99 Z-27. R3. Q3 .F120 M08 ;
G80 ;
G00 Z50. M09 ;
```

G49 Z150. M05 ;

엔드밀 외곽 가공-T04

G30 G91 Z0. M19 ;

T04 M06 ;

G54 G90 G00 X-10. Y-10. ;

G43 H04 Z100. ;

S1800 M03 ;

G01 Z5. F1000 ;

Z-5. F100 M08 ;

G41 X4. D04 ;

Y0. ;

Y66. ;

X66. ;

Y4. ;

X4. ;

Y19. ;

G91 X3. Y3. ;

G03 Y16. R8. ;

G01 X-3. Y3. ;

Y19. ;

G02 X6. Y6. R6. ;

G01 X22. ;

Y-7. ;

G03 X16. R8. ;

G01 Y7. ;

X13. ;

X5. Y-15. ;

Y-41. ;

G02 X-6. Y-6. R6. ;

G01 X-51. ;

X-5. Y5. ;

X-15. ;

G40 Y-5. ;

Z5. ;

G90 G00 Z150. ;

엔드밀 내부 가공-T04

X40. Y30. ;

Z50. ;

Z5. ;

G01 Z-5. ;

G90 Y49. G41 D04 ;

G91 G03 X-12. Y-12. R12. ;

Y-14. R7. ;

G01 X11. ;

Y-6. ;

G03 X13. R6.5 ;

G01 Y6. ;

G03 Y14. R7. ;

G03 X-24. R12. ;

G01 Z5. ;

G90 G00 Z50. M09 ;

G49 G40 Z150. ;

M05 ;

M02 ;

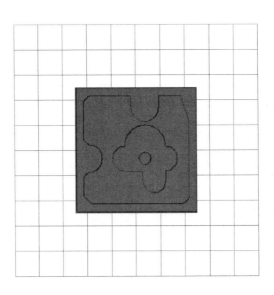

머시닝센터 가공 4

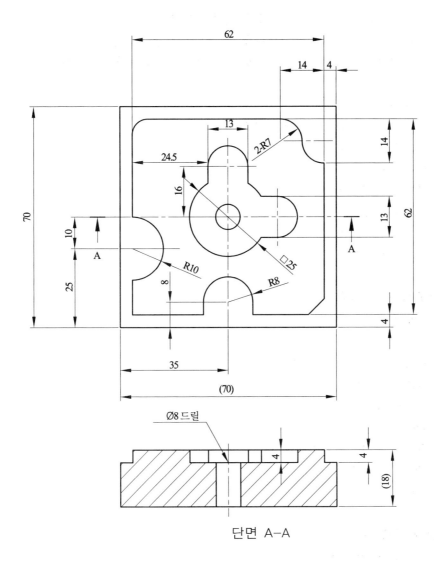

단면 A–A

공구 번호	공 구	비 고
T01	∅80 Face Mill	
T02	∅3 Center drill	
T03	∅7 D	
T04	∅10 FEM	

페이스밀 가공-T01

```
O6004 ;
G40 G49 G80 G17 ;
G28 Z0. ;                    (수동 원점 복귀시 생략 가능)
G28 X0. Y0. ;                (수동 원점 복귀시 생략 가능)
G30 G91 Z0. M19 ;            (기계원점에서 공구 교환 가능 기종에서는 생략)
T01 M06 ;
G54 G90;
G00 X120. Y35. Z200. S1000 M03 ;
G43 Z150. H01 ;
G00 Z10. ;
G01 Z-2. F100 M08 ;
G01 X-50. ;
G00 Z150. M09 ;
G49 Z200 .;
```

센터드릴 가공-T02

```
G30 G91 Z0. M19 ;
T02 M06 ;
G54 G90 G00 X35. Y35. ;
G43 H02 Z100. ;
S1000 M03 ;
Z5. ;
G01 Z-2. F120 M08 ;
G00 Z50. M09 ;
G49 Z150. M05 ;
```

드릴 가공-T03

```
G30 G91 Z0. M19 ;
T03 M06 ;
G90 G00 Z100. G43 H03 ;
S1000 M03 ;
Z5. ;
G83 G99 Z-27. R3. Q3. F120 ;
G80 ;
G00 Z50. M09 ;
```

G49 Z150. M05 ;

엔드밀 외곽 가공-T04

G30 G91 Z0. M19 ;

T04 M06 ;

G54 G90 G00 X-10. Y-10. ;

G43 H04 Z100. ;

S1800 M03 ;

G01 Z5. F1000 ;

Z-4. F100 M08 ;

G41 X4. D04 ;

Y0. ;

Y66. ;

X66. ;

Y4. ;

X4. ;

Y15. ;

G03 G91 Y20. R10. ;

G01 Y26. ;

G02 X5. Y5. R5. ;

G01 X43. ;

G02 X7. Y-7. R7. ;

G03 X7. Y-7. R7. ;

G01 Y-43. ;

X-5. Y-5. ;

X-18. ;

Y4. ;

G03 X-16. R8. ;

G01 Y-4. ;

X-18. ;

G02 X-5. Y5. R5. ;

G01 Y10. ;

X-15. ;

G40 Y5. M09 ;

G90 G00 Z150. ;

엔드밀 내부 가공-T01

```
X35. Y35. ;
Z50. ;
Z5. M08 ;
G01 Z-4. ;
G01 X47.5 G41 D04 G90 ;
G03 I-12.5 ;
G01 Y42.5 ;
X42.5 ;
G91 Y9.5 ;
G03 X-13. R6.5 ;
G01 Y-22.5 ;
X22.5 ;
G03 Y13. R6.5 ;
G01 X-10. ;
G90 G00 Z50. M09 ;
G49 G40 Z150. ;
M05 ;
M02 ;
```

머시닝센터 가공 5

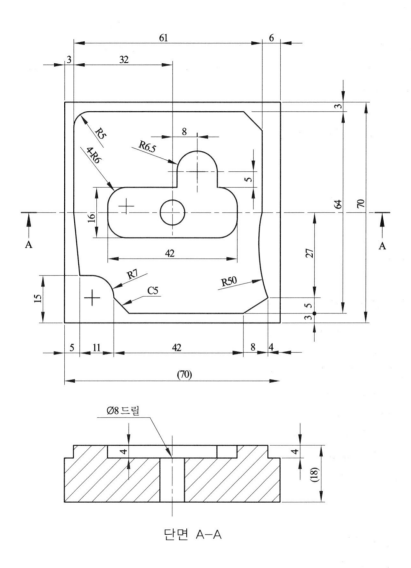

단면 A-A

공구 번호	공 구	비 고
T01	Ø80 Face Mill	
T02	Ø3 Center drill	
T03	Ø7 D	
T04	Ø10 FEM	

페이스밀 가공-T01

```
O6005 ;
G40 G49 G80 G17 ;
G28 Z0. ;                (수동 원점 복귀시 생략 가능)
G28 X0. Y0. ;            (수동 원점 복귀시 생략 가능)
G30 G91 Z0. M19 ;        (기계원점에서 공구 교환 가능 기종에서는 생략)
T01 M06 ;
G54 G90;
G00 X120. Y35. Z200. S1000 M03 ;
G43 Z150. H01 ;
G00 Z10. ;
G01 Z-2. F100 M08 ;
G01 X-50. ;
G00 Z150. M09 ;
G49 Z200 .;
```

센터드릴 가공-T02

```
G30 G91 Z0. M19 ;
T02 M06 ;
G54 G90 G00 X35. Y35. ;
G43 H02 Z100. ;
S1000 M03 ;
G01 Z-2. F120 M08 ;
G00 Z50. M09 ;
G49 Z150. ;
M05 ;
```

드릴 가공-T03

```
G30 G91 Z0. M19 ;
T03 M06 ;
G90 G00 Z100. G43 H03 ;
S1000 M03 ;
G83 G99 Z-26. R3. Q3. F120 M08 ;
G80 ;
G00 Z50. ;
G49 Z150. M09 ;
```

M05 ;

엔드밀 외곽 가공-T04

G30 G91 Z0. M19 ;

T04 M06 ;

G54 G90 G00 X-10. Y-10. ;

G43 H04 Z100. ;

S1800 M03 ;

G01 Z5. F1000 ;

Z-4. F100 M08 ;

G41 X4. D04 ;

Y0. ;

Y67. ;

X66. ;

Y3. ;

X11. ;

Y5. ;

X5. ;

Y15. ;

G91 X-2. Y20. ;

Y27. ;

G02 X5. Y5. R5. ;

G01 X50. ;

X6. Y-6. ;

Y-26. ;

G03 X2. Y-27. R50. ;

G01 X-8. Y-5. ;

X-37. ;

X-5. Y5. ;

G03 X-7. Y7. R7. ;

G01 X-15. ;

G40 Y-5. ;

Z5. ;

G90 G00 Z150. ;

엔드밀 내부 가공-T01

    X35. Y35. ;
    Z50. ;
    Z5. ;
    G01 Z-4. ;
    G90 X56. G41 D04 ;
    Y37. ;
    G91 G03 X-6. Y6. R6. ;
    G01 X-0.5 ;
    Y5. ;
    G03 X-13. R6.5 ;
    G01 Y-5. ;
    X-16.5 ;
    G03 X-6. Y-6. R6. ;
    G01 Y-4. ;
    G03 X6. Y-6. R6. ;
    G01 X30. ;
    G03 X6. Y6. R6. ;
    G01 Y2. ;
    G90 G00 Z50. M09 ;
    G49 G40 Z150. ;
    M05 ;
    M02 ;

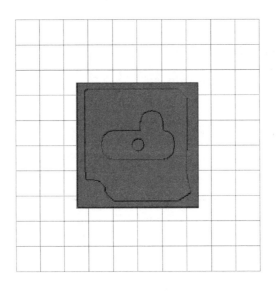

머시닝센터 가공 6

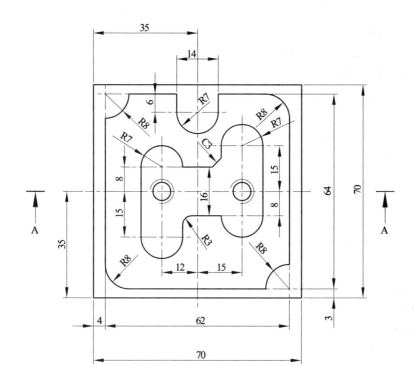

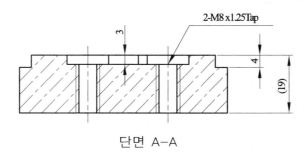

단면 A-A

공구 번호	공 구	비 고
T02	∅3 Center drill	
T03	∅7 D	
T04	∅10 FEM	
T05	M8 × 1.25Tap	

```
%
O6006;
G40 G49 G80;
G30 G91 Z0. M19;
T02 M06;
G00 G54 G90 X23. Y35. S1000 M03;
G43 Z150. H02;
G00 Z10. M08;
G81 G98 Z-3. R3. F100;
          X50. Y35.;
G00 Z100. M09;
G49 G80 Z150.;
M05;


G30 G91 Z0. M19;
T03 M06;
G00 G54 G90 X23. Y35. S1000 M03;
G43 Z150. H03;
G00 Z10. M08;
G83 G98 Z-25. R3. Q3. F100;
          X50. Y35.;
G00 Z100. M09;
G49 G80 Z150.;
M05;


G30 G91 Z0. M19;
T05 M06;
G00 G54 G90 X23. Y35. S100 M03;
G43 Z150. H05;
G00 Z10. M08;
G84 G98 Z-25. R3. F100;
          X50. Y35.;
G00 Z100. M09;
G49 G80 Z150.;
M05;
```

G30 G91 Z0. M19;

T04 M06;

G00 G54 G90 X35. Y35. S1500 M03;

G43 Z150. H04;

G00 Z10. M08;

G01 Z-4. F100;

G41 D04;

G01 Y43.;

X30.;

G03 X16. R7.;

G01 Y20.;

G03 X30. R7.;

G01 Y24.;

G02 X33. Y27. R3.;

G01 X43.5;

G03 X56. R6.5;

G01 Y50.;

G03 X43.5 R6.5;

G01 Y46.;

X40.5 Y43.;

X16.;

Y35.;

G00 Z50.;

G40;

X-10. Y-10.;

G00 Z-5.;

G41 D04;

X4.;

Y67.;

X66.;

Y3.;

X12.;

G02 X4. Y11. R8.;

G01 Y59.;

G03 X12. Y67. R8.;

G01 X28.;

Y61.;

G03 X42. R7.;

G01 Y67.;

X58.;

G02 X66. Y59. R8.;

G01 Y11.;

G03 X58. Y3. R8.;

G01 X-10.;

G00 Z100. M09;

G40 G49 Z150.;

M05;

%

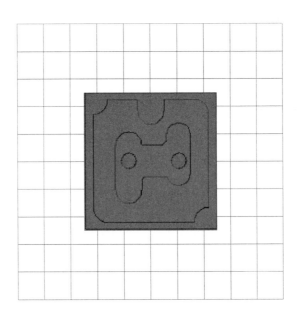

머시닝센터 가공 7

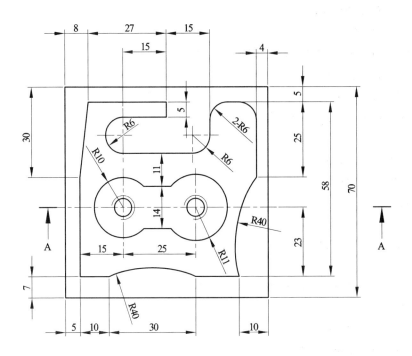

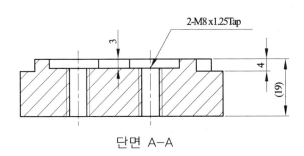

단면 A-A

공구 번호	공 구	비 고
T02	∅3 Center drill	
T03	∅7 D	
T04	∅10 FEM	
T05	M8 × 1.25Tap	

```
%
O6007;
G40 G49 G80;
G30 G91 Z0. M19;
T02 M06;
G00 G54 G90 X20. Y30. S1000 M03;
G43 Z150. H02;
G00 Z10. M08;
G81 G98 Z-3. R3. F100;
          X45.;
G00 Z100. M09;
G49 G80 Z150.;
M05;


G30 G91 Z0. M19;
T03 M06;
G00 G54 G90 X20. Y30. S1000 M03;
G43 Z150. H03;
G00 Z10. M08;
G83 G98 Z-25. R3. Q3. F100;
          X45.;
G00 Z100. M09;
G49 G80 Z150.;
M05;


G30 G91 Z0. M19;
T05 M06;
G00 G54 G90 X20. Y30. S100 M03;
G43 Z150. H05;
G00 Z10. M08;
G84 G98 Z-25. R3. F125;
          X45.;
G00 Z100. M09;
G49 G80 Z150.;
M05;
```

G30 G91 Z0. M19;

T04 M06;

G00 G54 G90 X20. Y30. S1000 M03;

G43 Z150. H04;

G00 Z10. M08;

G01 Z-3. F100;

G01 X15.;

G02 I5.;

G01 X50.5;

G02 I-5.5;

G01 X45.;

Y28.;

X20.;

Y32.;

X45.;

G00 Z50.;

G00 X-10.;

G00 Y-10.;

G00 Z-4.;

G41 D04;

G01 X5. F100;

Y65.;

X66.;

Y7.;

X5.;

Y40.;

X8. Y65.;

X35.;

Y60.;

X20.;

G03 Y48. R6.;

G01 X44.;

G03 X50. Y54. R6.;

G01 Y60.;

G02 X55. Y65. R5.;

G01 X61.;

G02 X66. Y60. R5.;
G01 Y40.;
G03 X60. Y7. R40.;
G01 X45.;
G03 X15. R40.;
G01 X-10.;
G00 Z100. M09;
G40 G49 Z150.;
M05;
M02;
%

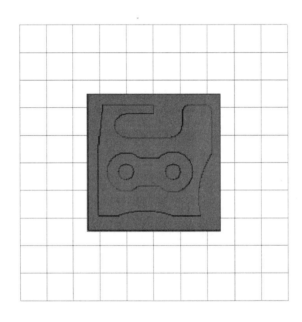

머시닝센터 가공 8

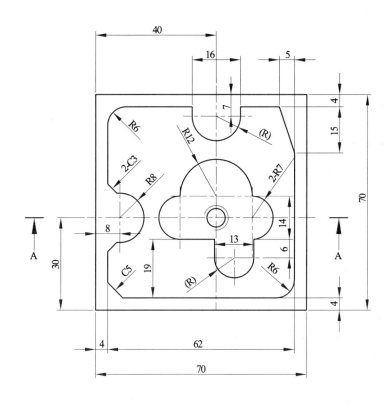

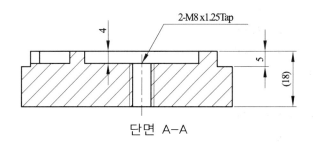

단면 A-A

공구 번호	공 구	비 고
T02	∅3 Center drill	
T03	∅7 D	
T04	∅10 FEM	
T05	M8 × 1.25Tap	

```
%
O6008;
G30 G91 Z0. M19;
T02 M06;
S1000 M03;
G90 G54 G00 X40. Y30. F100;
Z200.;
G43 Z150. H02;
Z10. M08;
G81 G99 Z-3. R3.;
G00 Z150. M09;
G49 Z200. G80;
M05;


G30 G91 Z0. M19;
T03 M06;
S1000 M03;
G90 G54 G00 X40. Y30. F100;
Z200.;
G43 Z150. H03;
Z10. M08;
G83 G99 Z-25. R3. Q3.;
G00 Z150. M09;
G49 Z200. G80;
M05;


G30 G91 Z0. M19;
T05 M06;
S100 M03;
G90 G54 G00 X40. Y30. F125;
Z200.;
G43 Z150. H05;
Z10. M08;
G84 G99 Z-25. R3.;
G00 Z150. M09;
```

G49 Z200. G80;
M05;

G30 G91 Z0. M19;
T04 M06;
S1000 M03;
G90 G54 G00 X40. Y30. F100;
Z200.;
G43 Z150. H04;
Z10. M08;
G01 Z-4.;
G91 Y-2.;
X12.;
G03 Y4. R2.;
G01 X-24.;
G03 Y-4. R2.;
G01 X16.;
Y-11.;
G03 X3. R1.5;
G01 Y20.;
G03 X-14. R7.;
G01 X7.;
G00 Z50. M09;

외곽

G90 X-15. Y-15.;
Z-5.;
G41 D04 X4. M08;
G01 Y66.;
X66.;
Y4.;
X4.;
Y19.;
X7. Y22.;
X8.;
G03 Y38. R8.;

G01 X7.;

X4. Y41.;

Y60.;

G02 X10. Y66. R6.;

G01 X32.;

Y63.;

G03 X48. R8.;

G01 Y66.;

X61.;

X66. Y51.;

Y10.;

G02 X60. Y4. R6.;

G01 X9.;

X4. Y9.;

Y30.;

G00 Z10. M09;

Z150.;

G40 G49 G80 Z200.;

M05;

M02;

%

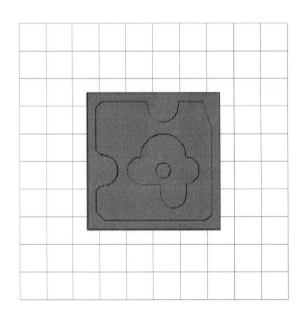

CNC 공작기계 조작

4.1 머시닝센터 조작

4.1.1 준비작업

(1) 전장박스 옆의 Main 전원 스위치 ON → 조작반 비상정지 버튼 해제(OFF) → 조작반 전원 ON 한다.

(2) 모드선택 → 핸들운전 → 조작판을 눌러 MANUAL ABS가 ON되어 있는지 확인한다.

　※ 자동운전 중 수동 이동량을 공작물 좌표계에 가산하는지 하지 않는지를 결정한다.

　※ 이 스위치가 ON되면 공작물 좌표계에 이동량을 가산하지 않는다.

　※ 초보자의 경우 항상 ON 상태가 안전하다..

(3) 모드선택 → 원점복귀를 선택

　8(Z 축 +방향), 1(Y축 +방향), 4(X +방향)을 눌러서 원점 복귀시킨다.

　※ 원점 복귀시 X, Y, Z축이 각각 원점으로부터 100[mm] 이상 떨어진 위치에서 복귀시켜야 알람이 발생하지 않는다.

　※ 원점복귀 후 기계원점에서 X, Y, Z축을 움직일 때는 반드시 – 방향으로 움직여야 한다.

　※ +방향으로 움직여 알람이 발생하였을 경우에는 펄스레인지를 0.01로 한 후 행정오버 해제 스위치를 누른 상태에서 – 방향을 정확히 확인한 후에 알람이 발생한 축을 천천히 이동시킨다.

(4) 준비된 가공 소재는 치수를 확인 후 바이스 왼쪽끝 부분에 견고하게 고정한다.

(5) 전원공급전의 주의사항

　① 강전반과 조작반의 도어 등이 정상적으로 닫혀 있는지 확인한다.

　② 기계 및 이동 부분에 장해물 또는 방해물은 없는지 확인한다.

③ 기계의 Cover류 및 제어장치부의 모든 상태가 규정된 위치에 올바르게 정리정돈 되어있는지 확인한다.

④ 전원을 공급할 때는 메인 스위치, 조작반상의 Power ON 스위치 등의 순서로 조작한다.

(6) 작업 전 주의사항

① 윤활유탱크에 윤활유가 충분한지, 윤활유의 공급이 정상인지 확인한다.

② 윤활유와 습동유 그리고 절삭유와 그리스의 보충 및 교환 시기를 확인한다.

③ 공기압이 정상인지 확인한다.(Air Filter에 5[kg/cm²] 이상)

④ 전원을 공급하여 기계의 운전을 실행하기 전에는 반드시 기계원점복귀를 실시한다.

⑤ Tool Holder를 교체하면 견고하게 체결되었는지 확인한다.

4.1.2 Z축 좌표값 설정

(1) 모드선택 → 핸들운전 → 조작판 → Check Mode 선택 → 주축의 공구를 TOOL UNCLAMP 버튼으로 분리

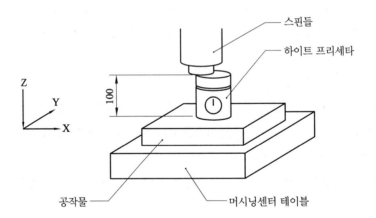

(2) 100[mm] 하이트 프리세트를 공작물 상면에 올려 놓고 셋팅점 0점을 확인한다.

(3) 하이트 프리세트 상면에 주축 끝을 접촉시킬 때는 충돌방지를 위해 펄스레인지 0.1로 10[mm] 위치까지 이동 후 0.01로 변경하여 천천히 접촉시킨다.

(4) 모드선택 → 핸들운전 → Z축을 선택, 주축 끝을 하이트 프리세트 상면으로 이동시켜 0점까지 맞춘다.

(5) 위치선택(F1) → 기계좌표를 선택하여 Z값을 기록한다. 그리고 위치선택 → 상대좌표

Z0(F6) 실행하여 상대좌표 Z0 확인한다.

(6) 기계좌표값 = Z좌표값 + 100 (하이트 프리세트 높이값)

4.1.3 공구길이 설정

(1) 선택모드 → 핸들운전 → 위치선택(F1) → 상대좌표로 전환한다. 상대좌표 Z값 0 확인한다.

(2) 선택모드 → 핸들운전으로 공구를 장착 탈착시킬 수 있을 만큼 Z축을 +방향으로 약 300[mm] 정도 이동시킨다.

(3) 공구가 분리되어 있는 경우 선택모드 → 핸들운전 → 조작판 → Check Mode를 ON 시킨 후 Tool Unclamp(공구풀림) 버튼을 눌러 측정할 4번 공구를 주축에 장착한다. 모드선택 → 반자동 → G91 G30 Z0. ◁(EOB 또는 ;) T04 ◁ (EOB 또는 ;) → 자동개시

(4) 핸들운전으로 Z축을 −방향으로 이동시켜 공구의 끝을 하이트 프리세트 0점에 맞춘 다음 상대좌표 Z값을 기록한다. (4번공구 길이값)

(5) Check Mode를 ON시킨 후 Tool Unclamp(공구풀림) 버튼을 눌러 공구를 장착 또는 탈착 하거나 모드선택 → 반자동 → G91 G30 Z0. ◁(EOB 또는 ;) T04 ◁(EOB 또는 ;) → 자동개시 방법으로 3, 2, 1 번 공구를 선택하여 (4)의 방법으로 길이를 구한 다음 기록한다.

4.1.4 공구장착 방법

(1) 프로그램에서 사용한 공구번호와 Tool Magagine(매거진) 번호를 동일하게 차례로 공구를 장착시킨다.

(2) 주축을 Z축 공구교환 위치로 이동시킨다.

(3) 모드선택 → 반자동 → G91 G30 Z0. (M19) → ◁(EOB 또는 ;) → 자동개시

(4) TO1 M06 → ◁(EOB 또는 ;) → 자동개시 : 1번 공구 교환

(5) 주축에 이미 장착되어 있는 공구를 다시 불러오면 알람이 발생하지만 조작판의 해제 Key를 눌러 해제한다.

(6) 모드선택 → 핸들운전 → 조작판 → Check Mode를 ON시킨 후 Tool Unclamp(공구풀림)버튼을 눌러 1번 공구 장착한다.

(7) TO2 M06 → ◁(EOB 또는 ;) → 자동개시 (2번 공구 교환)

(8) 모드선택 → 핸들운전 → 조작판 → Check Mode를 ON시킨 후 Tool Unclamp (공구풀림)버튼을 눌러 2번 공구 장착한다.

(9) (7)의 방법으로 3번, 4번 공구를 차례로 매거진에 장착시킨다.

4.1.5 X, Y축 좌표값 설정

(1) X, Y의 기계좌표값 공작물 프로그램 원점에서 기계 원점까지의 거리를 구한다.

(2) G92 X__Y__Z__공작물좌표계 설정은 − 값으로 입력한다.

(3) 터치센서(∅10) 또는 엔드밀(∅8, ∅10, ∅12)을 주축에 장착한다.

(4) 모드선택 → 핸들운전 → 조작판 → Check Mode를 ON시킨 후 Tool Unclamp (공구풀림)버튼을 눌러 Touch Point (터치포인트 10mm)를 주축에 장착한다.

(5) 핸들운전 → 주축을 공작물 근처까지 천천히 이동시킨다.

(6) 모드선택 → 반자동 → S500 M03⏎(EOB 또는 ;) → 자동개시(터치센서 이용시 S50으로 한다.)

(7) 핸들운전으로 X축을 움직이면서 터치포인트 또는 엔드밀을 공작물의 왼쪽 측면(Z축)에 접촉할 때까지 이송시킨다.

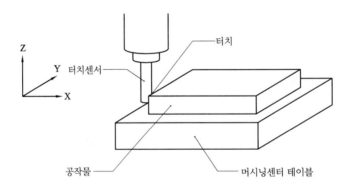

(8) 터치포인트를 접촉시킬때는 펄스레인지를 0.1, 0.01, 0.001 순으로 변경하면서 접촉해야 안전하다.

(9) 접촉이 되었으면 위치선택(F1) → 기계좌표 X값을 읽어 기록한다.

(10) 기계좌표 X값 = X좌표값 − 터치센서 또는 사용한 엔드밀의 반경값으로 적용한다.

(11) 예를 들어 화면의 기계좌표값이 342.130이고 공구경의 직경이 12[mm]일 때의 기계원점까지의 거리 −336.132(342.132 − 6 = 336.132)를 입력한다.

(12) 핸들운전으로 Y축을 움직이면서 터치센서 또는 엔드밀을 공작물의 앞쪽 단면에 접촉

할 때까지 이동시킨다.

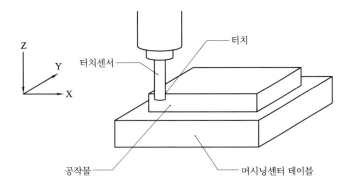

(13) 터치포인트를 접촉시킬 때는 펄스레인지를 0.1, 0.01, 0.001 순으로 변경하면서 접촉
    해야 안전하다.

(14) 위치선택(F1) → 기계좌표 Y값을 읽어 기록한다.

(15) 기계좌표 Y값 = Y좌표값 − 터치센서 또는 사용한 엔드밀의 반경값으로 구한다.

(16) 모드선택 → 반자동 → M05⊡ → 자동개시 또는 주축정지 버튼 이용 주축 정지한다.

4.1.6 X, Y, Z축 좌표값 입력

(1) 지금까지 구한 X, Y, Z축의 기계좌표값을 Main Program의 G92 X__Y__Z__ 에 − 값으
    로 입력시킨다.

(2) 지금까지 구한 X, Y, Z축의 기계좌표값을 Main Program의 G92 X__Y__Z__ 에 − 값으
    로 입력시킨다.

4.1.7 공구보정 값 입력

(1) 공구 길이값을 (H)의 DATA에 공구반경값을 (D)의 DATA에 입력시킨다.

(2) 사용할 공구의 길이값(H)을 차례로 입력한다. 화면 → 보정을 선택하고 방향 Key (←,
    →, ↑, ↓) 를 이용하여 H001, H002, H003, H004에 차례로 입력한다.

(3) 주축의 끝을 기준으로 하였으므로 반드시 +값으로 입력해야 하며 입력된 값을 꼭 확인
    한다.

(4) 사용할 공구의 반경값을 방향 Key (←, →, ↑, ↓) 를 이용하여 D003(4.0), D004(6.0)
    에 차례로 입력한다.

(5) 반드시 반경값으로 입력하고 입력된 값이 정확한지 확인한다. 또는 Parameter를 수정하여 직경값을 입력한다.

(6) 황삭가공을 한 후 정삭할 때 가공여유 0.2[mm]를 남길 경우 엔드밀 직경이 12[mm]라면 6.2를 입력하여 황삭한 후 보정값을 6.0으로 변경하여 입력한 후 정삭 가공에 적용한다.

4.1.8 도안설정 방법

(1) MODE(모드선택) → 편집 → ☞(F8) → 도안(F2) → 도안설정(F2)

(2) ANIMATION DISP [1]을 선택하면 Animation 되며, [0]을 선택하면 Animation 안된다.(0 : OFF, 1 : ON)

(3) 선택방법 : ANIM DISP = 1 ↵ 혹은 0 ↵

(4) 묘사평면 [0]을 선택하면 X, Y축 단면의 가공상태 나타난다.

(5) 0 : XYZ, 1 : XY, 2 : XZ, 3 : YZ

(6) 선택방법 : select (0, 1, 2, 3) = 이 위치에 커서를 두고 0 ↵, 혹은 1 ↵, 혹은 2 ↵, 혹은 3 ↵ 선택한다.

(7) 공작물 가로 [mm] 80, 세로 [mm] 80, 높이 [mm] 20 입력한다. 입력방법 (X : = 80 ↵, Y : = 80 ↵, Z : = 20 ↵)

(8) 원점 (X : 0, Y : 0, Z : 0)

(9) 절단면 (X : 40, Y : 40) : 도안할 때 필요하다. 입력방법 (X : = 40 ↵, Y : = 40 ↵)

4.1.9 공구설정 방법

(1) MODE(모드선택) → 편집 → ☞(F8) → 도안(F2) → 도안설정(F2) → 공구설정(F1) → ↑(F7), ↓(F8)이용하여 1번 공구 선택 → 수정(F6) → [변경(−) : F2, 변경(+) : F3] Soft Key로 공구형상 설정 후 공구의 직경값 입력 (A = 예 100.00 ↵) → 종료를 누르면 공구형상이 설정된다.

(2) ↑(F7) ↓(F8) 방향키를 이용 2, 3, 4번 공구선택 후 수정(F6)을 눌러 공구형상과 직경을 입력한 후→종료한다.

(3) 공구형상번호 (1번 : NO1, 2번 : NO4, 3−4번 : NO2)선택한다.

4.1.10 P/G 검색 방법

MODE(모드) → 편집 → ☞(F8) → 검색(F3) → Word(F2) (Z, H, D, G40, G49, G80 등 입력) → 방향키↑(F1), ↓(F2)로 이동 확인한다.

4.1.11 P/G 수정 방법

(1) 자동실행 중 프로그램에 이상이 발견되었을 때 수정 후 프로그램 선두로 다시 커서를 보낸다.
(2) 자동실행 중 현재 및 아래블록의 프로그램을 수정할 수 있다. 자동정지 → 커서위치확인 → MODE(모드선택) → 편집 → 방향Key 이용 수정 후 → 커서 원래 위치로 → MODE(자동) → 자동개시
(3) 자동실행 중 Spindle Stop을 누른 경우 원점복귀를 시키지 않아도 되나 반드시 프로그램 선두에 커서를 이동 후 자동개시 한다.

4.1.12 머시닝센터 TNV-40A ERROR 해제

(1) CRT 화면에 다음과 같이 메시지나 나타난 경우

```
ACCESS   00FFE007
PC       0009AC9E
ROM      09
```

① 기계 OFF시킨다.

② SOFT KEY의 화면과 선택을 동시에 누르고 전원을 투입한다.

③ 계속 화면과 선택을 누르고 있으면 노란색 작은 글씨로 NC 내부상태 DATA가 화면에 나타난다.

④ 손을 떼고 Key Board 의 0번을 누른다.

⑤ 1~9번까지의 옵션이 나타난다.

⑥ Key Board로 7번을 선택한다. (Alarm History Memory) 후 엔터(↵)

⑦ 오른쪽 아래에 노란색 글씨로 OK 표시가 나타난다.

⑧ Key Board 9번을 누르면 완료된다.

(2) INTLK 에러일 때 해결

① 핸들모드 → 조작판 → CHECK MODE ON 시킨다.

② 주축정지 버튼을 누른 상태에서 EXCH CCW 를 순간적으로 눌러 메가진 핑거를 제위치(동작 전 상태)로 놓는다.

③ 조작판의 EXCH CW와 EXCH CCW의 깜박임이 멈춘다.

④ 핸들운전이 가능해짐 → 공구 장·탈착 가능해진다.

(3) SPINDLE ALARM A0.2

① 원인 : 스핀들 유닛에 과부하 발생, 입력 전류의 이상, 스핀들 유닛 파손

② 해제 버튼을 누른다.

③ 조작판의 전원 스위치를 차단하고 다시 전원을 투입한다.

④ 장비 뒤쪽의 메인 전원을 차단하고 다시 메인 전원을 투입한다.

⑤ 위 ①, ②, ③항의 조치로 알람이 해제 안된 경우는 전장박스 안에 있는 스핀들 유닛의 알람 번호를 메모하여 기계메이커에 A/S 요청한다.

(4) 기타 알람 에러 해제

① Emergency Stop Switch ON
- 원인 : 비상정지 스위치 ON
- 해제 : 비상정지 스위치를 화살표 방향으로 돌린다.

② Lubr Tank Level Low Alarm
- 원인 : 습동유 부족
- 해제 : 습동유를 보충한다(규격품 사용)

③ Thermal Overload Trip Alarm
- 원인 : 과부하로 인한 Overload Trip

- 해제 : 원인 조치 후 마그네트와 연결된 오버로드 누른다

④ P/S＿Alarm
- 원인 : Program Alarm
- 해제 : 알람 일람표에서 원인을 찾는다.

⑤ OT Alarm
- 원인 : 금지영역 침범
- 해제 : 이송축을 안전한 위치로 이동한다

⑥ Emergency Limit Switch ON
- 원인 : 비상정지 리미트 스위치 작동
- 해제 : 행정오버 해제 스위치를 누른 상태에서 안전한 위치로 이동시킨다

⑦ Spindle Alarm
- 원인 : 주축 모터 과열, 주축 모터 과부하, 과전류
- 해제 : 해제버튼→전원차단→전원투입→A/S 연락

⑧ Torque Limit Alarm
- 원인 : 충돌로 인한 안전핀 파손
- 해제 : A/S 연락

⑨ Air Pressure Alarm
- 원인 : 공기압 부족
- 해제 : 공기압을 높인다(5 Kg/cm2)

⑩ 축 이동이 안됨
- 원인 : 머신록스위치ON Interlock 상태
- 해제 : 신록스위치 OFF, A/S 문의

4.2 머시닝센터 Operator Panel 기능

MODE 선택 : Mode Switch

이미지	MODE	기 능 설 명
	EDIT	Program의 신규작성 및 Memory에 등록된 Program의 수정, 삽입, 삭제
	MEM	Memory에 등록된 Program을 자동운전
	TAPE	DNC 운전
	MDI	Manual Data Input Program을 작성하지 않고 기계를 동작
	REF.ZTN	공구를 기계원점으로 수동으로 복귀.
	JOG	공구이송을 연속적으로 외부 이송속도 조절스위치의 속도로 이송
	HANDLE	Manual Pulse Generator 조작판의 핸들을 이용하여 축을 이동
	ATC	Automatic Tool Change 공구 교체

	비상정지 버튼 : Emergency Stop Button 돌발적인 충돌이나 위급한 상황에서 작동→Main 전원의 차단효과→화살표 방향으로 비상정지 버튼을 돌리면 튀어 나오면서 비상정지 해제된다. (반드시 원점복귀 해야 함)
	급송속도 조절 : Rapid Override 자동, 반자동, 급속이송 모드에서 급속위치결정 속도를 외부에서 변화시켜 주는 기능이다.
	이송속도 조절 : Feed Override 수동속도 조절 자동, 반자동 모드에서 지령된 이송속도를 외부에서 변화시키는 기능이다.
	주축속도 조절 : Spindle Override 모드의 위치에 관계없이 주축의 회전속도(RPM)를 외부에서 변화시키는 기능이다.
	축 선택 : Axis Select 수동 모드에서 이동할 스핀들의 축을 선택한다.
	원점 복귀 : REF Poinrt 선택한 축의 원점 복귀가 이루어지면 해당 램프가 점등된다.
	자동개시 : 사이클 Start 자동, 반자동, DNC 모드에서 프로그램을 실행한다.
	자동정지 : Feed Hold 자동개시의 실행으로 진행중인 프로그램을 정지 → 자동개시 버튼을 누르면 현재위치에서 재개→나사가공 블록은 정지하지 않고 다음 블록에서 정지한다.

CW	**주축기동** : Spindle CW Rotate 수동조작 (핸들, 수동, 급송, 원점)에서 마지막에 지령된 조건으로 스핀들을 시계 방향 회전시킨다.
STOP	**주축정지** : Spindle Stop Mode에 관계없이 회전중인 주축 (Spindle) 정지한다.
CW	**주축기동** : Spindle CCW Rotate 수동조작 (핸들, 수동, 급송, 원점)에서 마지막에 지령된 조건으로 스핀들을 반시계 방향 회전시킨다.
OPTIONAL STOP	Optional Stop 프로그램에서 지령된 M01을 선택적으로 실행되게 한다. 조작판의 M01 스위치가 ON일 때 정지하고 OFF일 때는 M01을 실행해도 기능이 없는 것으로 간주하고 다음 블록 실행한다.
DRY RUN	Dry Run 프로그램에 지령된 이송속도를 무시하고 조작판 이송속도의 조절 속도로 이송한다.
MACHINE LOCK Z ALL	Machine Lock 축 이동을 하지 않게 하는 기능으로 프로그램 Test, A/S시 사용
SINGLE BLOCK	Single Block 자동개시의 작동으로 프로그램이 연속적으로 실행하지만 싱글블록이 ON되면 한 블록씩 실행→정지하는 것을 반복한다.
OPTIONAL BLOCK SKIP	Optional Block Skip 스위치가 ON되면 프로그램에 지령된 "/"(슬래시)에서 " ;"(EOB)까지 선택적으로 건너뛰고 OFF 일때는 "/"(슬래시)가 없는 것으로 간주하고 블록을 실행한다.

	절삭유 Manual, Auto, Off(Flood Coolant On/Off) 절삭유의 작동을 제어한다. 프로그램에서 지령된(M08, M09)보다 우선이다.
	절삭유 Manual, Auto, Off(Flood Coolant On/Off) 절삭유의 작동을 제어한다. 프로그램에서 지령된 (M08, M09)보다 우선이다.
	절삭유 Manual, Auto, Off(Flood Coolant On/Off) 절삭유의 작동을 제어한다. 프로그램에서 지령된 (M08, M09)보다 우선이다.
	Program Protect Key Key OFF 상태에서 프로그램의 편집 (수정, 삽입, 삭제)이나 파라미터 (Prameter)를 변경할 수 없다.

4.3 CNC 선반 조작

4.3.1 FANUC 컨트롤러의 핸들 운전

(1) 핸들운전 설정

① 모드를 핸들로 설정한다.

② 이동 축을 Z로 설정한다.

③ 이동량은 1을 선택하면 1/000[mm](0.001[mm]) 단위로 이동하고, 10을 선택하면 10/000[mm](0.01[mm]) 단위로 이동하고, 100을 선택하면 100/000[mm](0.1[mm]) 단위로 이동한다.

(2) 핸들을 "−"방향으로 돌린다. 기계가 원점에 있을때 "+"로 돌리면 알람이 발생한다.

(3) 알람이 발생시 조치

ⓐ 조작판의 RESET( ) 버튼을 눌러 알람을 해제한다.

ⓑ 핸들로 축을 "−"방향으로 돌린다.

(4) 알람 발생 후 다시 움직일 때 현재의 위치 좌표가 나타나지 않으면 키보드 판넬에서 POS( ) 버튼을 누르면 다시 나타난다. 기계 좌표값이 나타나지 않으면 화면 아래의 "전부"를 누른다.

4.3.2 반자동(MDI)운전

(1) MDI( ) 버튼을 누른다.

(2) 키보드 판넬의 PROG( )버튼을 누른다.

(3) 모니터 화면에서 G97 S500 M03 EOB( ) INSERT( )

(4) "START"버튼을 누른다.

4.3.3 FANUC 컨트롤러의 공구 교환 및 보정값 설정

기준공구 (1번 외경 황삭)를 불러낸다.

(1) MDI( ) → PROG( )을 누른다.

(2) T0100 EOB(<kbd>EOB E</kbd>) INSERT(<kbd>INSERT</kbd>) → "START"을 누른다.

(3) 핸들 모드로 외경을 절삭한다.

(4) 절삭 후 POS(<kbd>POS</kbd>) → "상대" → "U" → "ORIGIN"을 누르면 화면상의 U 좌표값이 0으로 바뀐다.

(5) 핸들 모드로 단면을 절삭한다. 단면을 절삭하고 "W" → "ORIGIN" 누른다.

(6) 키보드 판넬에서 OFF/SET(<kbd>OFS/SET</kbd>) 버튼을 누른다.

(7) 화면 아랫부분의 메뉴 선택 버튼에서 "보정"을 누른다.

(8) 메뉴 선택 버튼에서 "형상"을 누른다.

(9) 번호 01의 X축으로 방향키를 눌러서 커서를 이동시키고 "0" → "입력" → Z축으로 옮기고 "0" → "입력"

(10) 공구를 3번으로 바꾼다.

① MDI(<kbd>MDI</kbd>) → PROG(<kbd>PROG</kbd>)을 누른다.

② G00 X150. Z150. EOB(<kbd>EOB E</kbd>) INSERT(<kbd>INSERT</kbd>) "START" 버튼을 누른다.

③ T0300 EOB(<kbd>EOB E</kbd>) INSERT(<kbd>INSERT</kbd>) "START" 버튼을 누른다.

(11) 공작물의 외경에 미세하게 접촉하고 OFF/SET(<kbd>OFS/SET</kbd>) → "공구보정/형상" 화면에서 번호 03의 X축에 커서를 옮겨놓고 입력 창에 "X" → "C. 입력"버튼을 누른다.

(12) 공작물의 단면을 미세하게 접촉하고 같은 방법으로 Z 축에 커서 옮겨놓고 "Z" → "C. 입력"

4.3.4 FANUC 컨트롤러의 좌표계 설정

(1) 핸들 모드에서 바이트 끝이 공작물 근처로 이동한다.

(2) MDI 모드에서 주축을 회전시킨다.

G97 S500 M03 EOB(<kbd>EOB E</kbd>) INSERT(<kbd>INSERT</kbd>) → "START"

(3) 주축이 회전하면 핸들로 공작물의 외경을 절삭한다.

(4) 절삭하고 X축은 이동하지 않고 Z축만 공작물에서 일정거리 이동하고 주축을 정지한다.

(5) 공작물의 지름을 정확하게 측정한다.(예 : 측정값이 49.52)

(6) MDI 모드에서 측정값을 G50 X____으로 입력한다.

"G50 X48.52 EOB($\boxed{\text{EOB}_\text{E}}$) INSERT($\boxed{\text{INSERT}}$)" → "START"

(7) 단면을 절삭하고 이 값을 Z0.0 으로 입력한다.

"G50 Z0. EOB($\boxed{\text{EOB}_\text{E}}$) INSERT($\boxed{\text{INSERT}}$)" → "START"

4.3.5 FANUC 컨트롤러의 자동운전

(1) 프로그램 내용 검색

EDIT($\boxed{\text{EDIT}}$) → PROG($\boxed{\text{PROG}}$) → "조작" → O____(프로그램 번호) → "↓"

※ 참고

새 프로그램 입력 : O1234(새 프로그램 번호) → INSERT($\boxed{\text{INSERT}}$)

기존 프로그램 삭제 : O1234(기존 프로그램 번호) → DELETE($\boxed{\text{DELETE}}$)

(2) MDI 모드에서 기준공구(1번 외경 황삭)로 바꾼다.

(3) 핸들 모드로 외경을 가공하고 POS($\boxed{\text{POS}}$) → "상대" → "W" → "ORIGIN"을 누르면 화면상의 W 좌표값이 0으로 바뀐다.

(4) 단면 가공을 하고 POS($\boxed{\text{POS}}$) → "상대" → "U" → "ORIGIN"을 누르면 화면상의 U 좌표값이 0으로 바뀐다.

(5) OFF/SET($\boxed{\text{OFS/SET}}$) → "보정" → "형상"을 누른다.

(6) 번호 01의 X축으로 커서를 옮겨놓고 "0" → "입력", Z축으로 옮기고 "0" → "입력" 버튼을 눌러 0으로 셋팅한다.

(7) MDI 모드로 공구를 3번으로 바꾼다.

① 바이트를 공작물 외경에 접촉시키고 OFF/SET($\boxed{\text{OFS/SET}}$) → "공구보정/형상" 화면에서 번호 03의 X축에 커서를 옮겨놓고 입력 창에 "X" → "C. 입력" 버튼을 누른다.

② 바이트를 공작물 단면을 맞추고 같은 방법으로 Z 축에 커서 옮겨놓고 "Z" → "C. 입력"

(8) U0, Z0로 공구를 옮긴 후 이 점을 기준으로 공작물 좌표계를 설정한다.

① 공작물 지름을 측정한다.(예 : 공작물의 외경이 49.52)

② MDI → PROG → G50 X49.52 Z0. ;

(7) "MACHINE LOCK", "SINGLE BLOCK" 버튼 → "START"

　※ **참고**

　　MACHINE LOCK을 실행해도 주축회전과 공구교환은 실행된다.

　　공구 교환 중 공구와 공작물이 충돌하지 않는 위치로 바이트를 이동하고 실행한다.

(8) 이상 없으면 MACHINE LOCK을 해제하고 싱글블록으로 실행한다.

(9) 이상 없으면 SINGLE BLOCK도 해제하고 천천히 실행한다.

　※ **참고**

　　"MACHINE LOCK"은 "SELECT"와 동시에 눌러야한다.

4.3.6 좌표계 설정(G50) 방법

(1) MDI 모드로 X, Z축을 척 방향으로 이동해서 기계의 정상 작동을 확인한다.

(2) 공구대를 원점복귀를 시킨다

　① "선택" → "원점복귀" → "8(↑)"을 눌러 X축의 원점복귀가 완전히 끝난 다음 "6(→)"
　을 눌러 Z축을 원점복귀 시킨다.

　※ 참고 : 축의 원점복귀가 끝나기 전에 Z축을 원점복귀 시키면 Alarm 발생한다.

(3) 가공할 소재를 Chuck에 고정("선택"→"핸들운전")

(4) 기준공구 선택

　"선택"→ "반자동" → "T 0 1 0 0" → "⏎(EOB 또는 ;)" → "자동개시"

(5) 주축을 800rpm으로 정회전 시킨다

　"선택" → "반자동" → "G97 S800 M03" → "⏎(EOB 또는 ;)" → "자동개시"

(6) 외경 및 길이를 가공한다

　"선택" → "핸들운전"에서 바이트를 X축 or Z축을 선택하여 일감의 가까운 곳으로 위치
　시킨 다음

　① Z축을 선택하여 일감의 외경을 조금 가공한 후 "위치선택(F2)" → "상대좌표" → "상
　대offset" → "U 0"(상대좌표 U0가 된다)

　② X축을 선택하여 일감의 길이를 조금 가공한 후 "상대offset" → "W 0"(상대좌표 W0
　가 된다)

　③ 일감을 측정한다(만약 외경은 ∅59.3이며 길이는 가공해야 할 치수가 0.8mm라면)

(7) 좌표계를 설정한다.

"선택" → "핸들운전" 누르고 공구의 위치를 U0, W0의 위치로 이동한 후 "G50 X59.3 Z0.8" → "⏎(EOB 또는 ;)" → "자동개시"(이때 기계는 움직이지 않고 절대 좌표계만 바뀐다. 또 가공할 길이 치수가 1mm 이상이면 수동으로 길이를 가공하여 1mm미만으로 남긴다.)

(8) 공구대의 위치를 제2원점 위치로 이동

"G00 X150. Z100." → "⏎(EOB 또는 ;)" → "자동개시" 한다.

(9) 제2원점의 기계좌표값 메모

만약 기계좌표가 X-97.670, Z-107.530이라면

(10) PARMETER 제2원점에 입력

"화면" → "설정" → 번호 "1241" → "X-97670, Z-107530"(소숫점 없이 입력)

(11) 공작물 가공

"선택" → "자동운전" → 커서를 프로그램의 첫번째 블록으로 이동 → "single block" → "자동개시"

4.3.7 좌표계 설정(G50)과 공구 보정 방법

(1) "선택" → "핸들운전" → X, Z축을 선택하여 척 방향으로 천천히 이동시킨다

(2) "선택" → "원점복귀" → "8(↑)"을 눌러 X축의 원점복귀가 완전히 끝난 다음 "6(→)"을 눌러 Z축을 원점복귀 시킨다.

(3) " 선택" → "반자동"에서 "T 0 1 0 0 " → "⏎(EOB 또는 ;)" → "자동개시"

(4) "선택" → "반자동" → "G97 S800 M03 " → "⏎(EOB 또는 ;)" → "자동개시"(주축이 800[rpm]으로 정회전 한다.)

(5) "선택" → "핸들운전" → X축 or Z축을 선택하여 공작물의 가까운 곳으로 이동한다.

① Z축을 선택하여 일감을 조금 가공한 후 상대좌표를 선택하고 "상대offset" → "U 0"(상대좌표 U0가 된다)

② 기계좌표값과 일감의 직경을 정확히 측정하여 +한 값을 프로그램 G50 X__에 + 값 으로 입력한다

③ X축을 선택하여 일감을 조금 가공한 후 상대좌표를 선택하고 "상대offset" → "W 0"(상대좌표 W0가 된다)

④ 일감의 길이를 측정하여 남은 길이를 W − 방향으로 이동 후 다시 상대offset → W0 → 취소 후 단면을 재가   한다.

⑤ 기계 좌표값을 프로그램 ᴄ50 Z ___에 + 값으로 입력 한다(주축을 정지시키고 져 할 때는 주축정지 button을 누른다.)

(6) "선택" → "반자동" → "T 0 2 0 0 " → "◁(EOB 또는 ;)" → "자동개시"(보정하려는 공구 2번을 선택한다.)

(7) "선택" → "반자동" → "G97 S800 M03 " → "◁(EOB 또는 ;)" → "자동개시"(주축이 800[rpm]으로 정회전한다.)

(8) "선택" → "핸들운전"에서

① X축을 선택하여 기준공구로 가공한 공작물 외경에 접촉시키고 "화면" → "보정" → "상대"에서 커서를 2번에 위치시킨 후 "U ◁(EOB 또는 ;)"하면 기준공구와 2번 공구와의 차이가 X값에 입력된다.

② Z축을 선택하여 기준공구로 가공한 공작물 끝단에 접촉시키고 "화면" → "보정" → "상대"에서 커서를 2번에 위치시킨 후 "W ◁(EOB 또는 ;)"하면 기준공구와 2번 공구와의 차이가 Z값에 입력된다.

(9) 동일한 방법으로 다른 공구들도 보정한다.

V-CNC를 활용한 프로그램 검증

부록

1.1 V-CNC

실행 아이콘 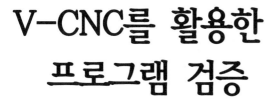 를 더블 클릭하거나 "시작" → "프로그램" → "V-CNC"를 클릭한다.

1.1.1 CNC 공작기계 선택

(1) 시뮬레이션 하려는 NC 프로그램에 해당하는 기계 Maching Center 또는 CNC-Lathe
를 선택한다.

(2) Windows 설정에 따라 아래와 같은 메시지가 나오면 아니오(N)을 선택한다.

1.1.2 VCNC의 실행 화면

아래의 그림은 V-CNC의 실행 화면이며, 화면의 구성을 나타내고 있다.

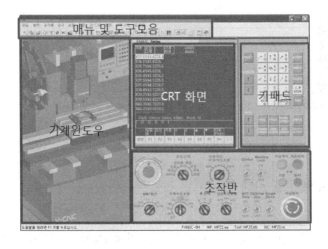

1.1.3 기계 윈도우 영역

가공이 되고 있는 기계와 공작물 그리고 공구의 움직임을 보여준다.

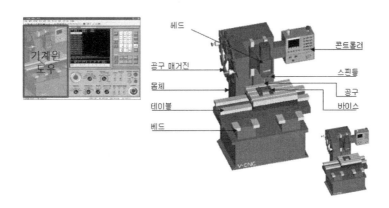

1.1.4 메뉴 및 도구 모음

① ✳ (마법사) : 마법사 기능을 시작한다.

② 🕸 (설정) : 기계와 콘트룰러 종류등을 선택할 수 있는 설정 마법사 대화상자가 나타
   난다.

③ 📂 (NC CODE 열기) : NC CODE를 열 수 있는 대화상자가 나타난다.

④ ⬡ (피삭재 생성) : 피삭재를 생성할 수 있다.

⑤ ▽ (공구 교환) : 공구를 교환하는 대화상자가 나타난다.

⑥ 🌐 (공구 공작물접촉) : 공구와 공작물을 접촉하는 대화상자나 화면이 나타난다.

⑦ ✐ (검증) : 가공한 공작물의 치수를 검증하는 화면으로 전환된다.

⑧ ▶ (기계가동), ■ (비상정지) : 아이콘을 사용하면 기계 윈도우화면만을 띄워 놓은
   상태에서도 가공을 할 수 있다.

⑨ ▣ (퍼스펙티브 화면보기) : perspective 화면으로 기계 윈도우 화면을 보고자 할 때 사용한다. 원금감이 있는 3차원화면으로서 좀 더 실제적이니 기계 모습을 보고자 할 때 사용한다.

⑩ ▣▣▣(YZ, XZ, XY 평면 보기) : 각각 X, Y ,Z 의 수직 방향인 면에서 바라본 화면으로 전환하여 준다.

⑪ ▣▣ (확대 , 축소) : 기계 윈도우 화면은 일정한 단계씩 확대/축소하는 기능이다.

⑫ ▣ (꽉차게) : 화면에 가공부분 (공구와 피삭재 화면) 가득차게 카메라를 조정한다.

⑬ ▣ (다이나믹 확대) : 동적으로 화면을 확대하거나 축소할 수 있다.

⑭ ▣ (영역 확대) : 화면 중에서 특정한 부분만 확대해서 보고 싶을 때 사용한다. 기존의 확대가 직사각형 형태로 확대했다면 임의로 화면을 잡아서 확대한다.

⑮ ✛(이동) : 화면을 이동한다.

⑯ ▣ (돌려보기) : 화면을 회전시킨다.

⑰ ▶ (기계가동), ■(비상정지) : 아이콘을 사용하면 기계 윈도우화면만을 띄어 놓은 상태에서도 가공을 할 수 있다.

⑱ ▣ (화면정렬) : 3가지 화면을 선택해서 볼 수 있다.

⑲ ▣(충돌검사) : 가공 중 충돌검사를 하거나 하지않는다.

⑳ ▣(음향효과) : 가공 중 발생하는 음향효과 조정

㉑ ▣(실습 예제) : 실습 예제 창을 띄우는 기능

㉒ ◈(도움말) : 도움말을 보는 기능(pdf)

1.1.5 CRT 화면

CNC 공작기계의 CRT 화면을 보여준다.

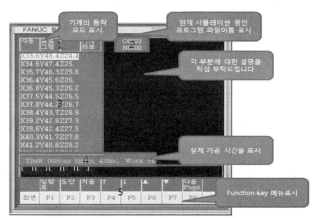

1.1.6 컨트롤러 조작부

CNC 공작기계의 컨트롤러 조작부를 보여준다.

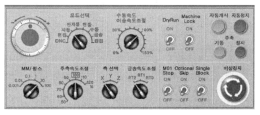

(1) 핸들(MPG : Manual Pulse Generator)

축의 이동을 핸들 모드에서 펄스 단위로 이동시킨다.

(2) 모드 스위치(Mode Switch)

① DNC : DNC운전을 한다.

② 편집 : 프로그램의 신규작성 및 PC에 저장된 프로그램을 수정할 수 있다.

③ 자동 : 선택한 프로그램을 자동 운전한다.

④ 반자동 : 프로그램을 작성하지 않고 기계를 동작시킬 수 있다. NC선반에서는 복합형 고정 사이클 중에서 G70, G71, G72, G73기능을 제외하고 프로그램을 실행시킬 수 있다.

⑤ 핸들 : MPG로도 표시하고 조작판의 핸들을 이용하여 축을 이동시킬 수 있다. 핸들의 한눈금당 이동량은 0.001mm, 0.01mm, 0.1mm의 종류가 있다.

⑥ 수동 : 공구이송을 연속적으로 외부 이송속도를 조절 스위치의 속도로 이송시킨다. 앤드밀의 직선절삭, Face Mill의 직선절삭 등 간단한 수동작업을 한다.

⑦ 급송 : 공구를 급속으로 이동시킨다.

⑧ 원점 : 공구를 기계원점으로 복귀 시킨다. 조작반의 원점방향 축 버튼을 누르면 자동으로 기계원점까지 복귀한다.

(3) 이송속도 오버라이드(Feed Override)

자동, 반자동 모드에서 지령된 이송속도를 외부에서 변화시키는 기능이다.

보통 0~150[%]까지이고 10[%]의 간격을 가진다.

(4) 토글스위치

① Dry Run : 프로그램의 이송속도와 상관없이 내장된 속도로 이동.

② Machine Lock : 축 이동을 하지 않음. 자동실행 중 사용하면 위험함.

③ M01 Stop : Optional Program Stop, 프로그램 내부에 M01을 만나면 실행 중지

④ Optional Skip : 프로그램에서 /를 만나면 건너 뛴다.

⑤ Single Block : 프로그램을 한 블록 씩 실행한다.

(5) 자동개시(Cycle Start) / 자동정지(Feed Hold)

① 자동개시 : 자동, 반자동, DNC모드에서 프로그램을 실행한다.

② 자동정지 : 자동개시의 실행으로 진행중인 프로그램을 정지시킨다.

이송정지 상태에서는 자동개시 버튼을 누르면 현 재 위치에서 재개한다.

이송정지 상태에서는 주축정지, 절삭유등은 이송정지 직전의 상태로 유지된다.

(6) 주축회전(Spindle Rotate)

① 기동 : 수동조작에서 마지막에 지령된 조건으로 회전한다.

② 정지 : 모드에 관계없이 회전중인 주축을 정지시킨다.

(7) MM/펄스

핸들(MPG)의 한 눈금 이동 단위를 선택한다.

[주] 0.1 Pulse에서 핸들의 사용은 천천히 돌려야 한다. 핸들이동에는 자동 가감속 기능
    이 없기 때문에 축의 이동에 충격을 주면 볼스크루와 볼스크루 지지 베어링의 파손
    원인이 된다.

(8) 주축속도조절

Mode에 관계없이 주축속도(rpm)를 외부에서 변화시키는 기능이다.

(9) 축 선택

머시닝센터의 X, Y, Z 축을 선택한다.

(10) 급송속도조절

자동, 반자동, 급속이송 Mode에서 G00의 급속 위치 결정 속도를 외부에서 변화를 주는
기능이다

(11) 비상정지

돌발적인 충돌이나 위급한 상황에서 작동시킨다.

누르면 비상정지(Stop)하고 Main전원을 차단한 효과를 나타낸다.

해제 방법은 한번 더 누른다.

1.1.7 MODE SELECT 조작

(1) 원점 복귀

모드를 원점으로 선택하고 8(Z축 원점 복귀), 4(X축 원점 복귀), 1(Y축 원점 복귀)하게
된다. CRT화면에는 각 축에 원점기호가 나타난다.

(2) 반자동운전

모드를 반자동으로 선택하고 CRT 화면에 NC 프로그램을 입력하고 자동개시를 누르면
NC 지령이 실행된다.

(3) 주축회전

모드를 반자동으로 선택하고 CRT 화면에 NC 프로그램 "S800 M03"을 입력하고 자동개
시를 누르면 주축이 회전한다.

(4) 주축정지

모드를 반자동으로 선택하고 CRT 화면에 NC 프로그램 중 주축 정지 기능 "M05"을 입
력하고 자동개시를 누르면 주축이 정지한다. 또는 주축 정지 버튼을 누른다.

(5) 기계설정

NC 프로그램 작성 또는 검증에 사용할 기계를 설정한다.

① 상단의 메뉴 중 설정을 클릭하고 하단 메뉴의 기계설정을 클릭한다.

② 실행된 설정 마법사의 컨트롤러에서 사용할 모델를 선택하고 적용버튼을 누른 뒤 확
인 버튼을 클릭한다.

(6) 공작물 설정

사용할 공작물의 크기를 설정한다.

① 상단의 메뉴 중 공작물을 선택하고 생성을 클릭한다.

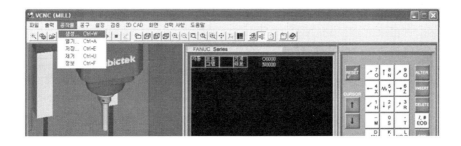

② 공작물 크기를 작업 조건표를 참조하여 입력한 후 적용 버튼을 누르고, 확인 버튼을 클릭한다.

(7) 공작물 원점설정(G54~G59)

① 원점설정 창에서 G54~59사용을 선택하고 수동입력(훈련용)을 선택한다. 그리고 가공원점 입력하기 버튼을 클릭한다.

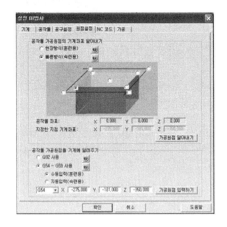

② 조작판의 모드에서 편집을 선택한다.

③ 모드에서 편집을 선택하고, F5를 클릭한 뒤, F3을 클릭한다. F3~F6까지의 화살표 기능을 이용해서 입력할 좌표의 축을 선택한다.

④ 입력란에 값을 입력하고 키보드의 ENTER버튼을 누른다.

⑤ 다음으로 모드에서 핸들을 선택한다. 그리고 핸들을 사용하여 공구를 z축 방향으로 상승시키고 설정완료를 클릭하여 설정마법사 창으로 복귀하고 확인을 클릭하여 설정을 완료한다.

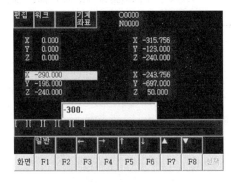

※ 참고 : G92 공작물 원점설정

① 조작판의 모드에서 반자동을 선택한다.

② CRT화면에 "S800 M03"을 입력하고 자동개시 버튼을 클릭하여 주축을 회전시킨다.

③ 조작판의 모드에서 핸들을 선택한다. 축 선택에서 각각의 움직일 축을 선택하고 핸들을 움직여 기계윈도우화면 하단에 표기되어 있는 남은 거리를 0으로 맞춘다.

④ 기계좌표의 X, Y, Z좌표를 기록한다. 이 값이 기계원점에서 공작물 좌표계 원점까지의 값이 된다. 설정완료 버튼을 눌러 원점설정 창으로 돌아간다.

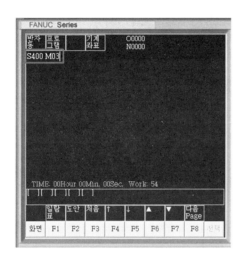
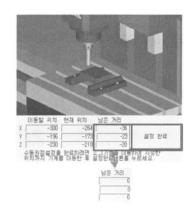

⑤ G92사용을 선택하고 가공원점 입력하기 버튼을 클릭한다. 이 때, 상위 과정인 공작물 가공원점의 기계좌표 알아내기를 끝내야 가공원점 입력하기 버튼이 활성화 된다.

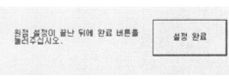

⑥ 조작판의 모드에서 편집을 선택한다.

⑦ NC 프로그램에서 좌표값을 절대지령으로 입력한다. 즉, 셋팅에서 구한 X, Y, Z값에서 "-"부호를 생략하고 G92 코드 블록에 지령한다.

⑧ 설정완료 버튼을 클릭하여 원점설정 창으로 돌아갑니다.

(8) NC프로그램 입력

① 미리 저장된 NC를 불러오는 방법으로 상단 메뉴의 파일을 클릭하고 열기를 클릭한다.

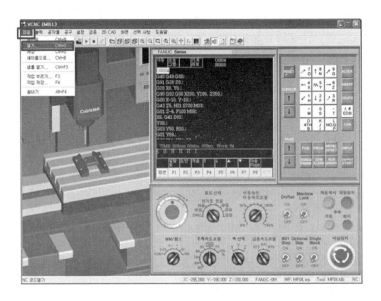

② V-CNC는 확장자가 NC인 파일만 목록에 나타난다.

③ 일반 Word 프로그램이나 메모장에서 작성한 txt 파일은 확장자를 NC로 변경하여 저장하거나 탐색기에서 확장자를 변경해야 한다.

④ Open하려는 파일을 선택하여 열기를 클릭하면 CRT화면에 NC코드가 입력된 것을 확인할 수 있다.

※ 참고 : 직접 입력방법

조작판의 모드에서 편집을 선택하고 CRT화면에서 입력하고자 하는 NC코드를 입력한다.

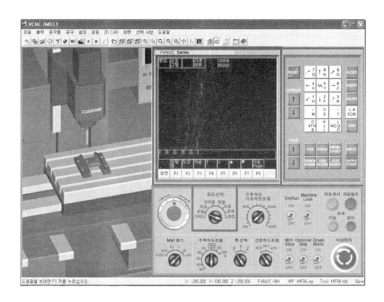

1.1.8 좌표값 검사 및 단면보기

VCNC 머시닝센터 시뮬레이션 검증법 중에서 좌표값 검사는 상단 메뉴의 검증을 클릭하고 공작물 검사를 클릭한다.

① 검사파일 원점이동 창에서 이동을 클릭한다.
② 검증창 상단 메뉴의 치수검사를 클릭하고 좌표확인을 클릭한다.
③ Z값을 구하고자 하는 좌표값을 입력한다.
④ Z값 확인 버튼을 클릭하여 Z값을 확인하고 종료 버튼을 클릭한다.

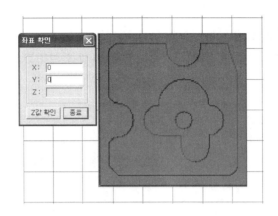

⑤ 단면을 확인하기 위해 상단의 메뉴 중 [치수검사]를 선택하고 [단면보기]를 선택한다.

⑥ 원하는 단면 방향으로 마우스를 클릭하면 단면이 생성된다.

⑦ 단면보기 창이 실행되면 하단의 치수선 모드를 선택하고 각 지점을 클릭하여 수치를 보이도록 한다.

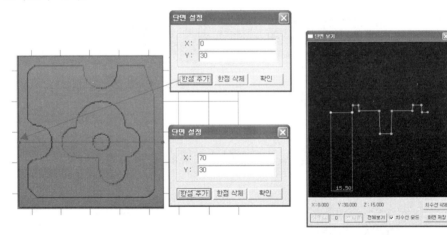

1.1.9 공구 경로 검증

① 공구 경로 검증은 검증창 상단 메뉴의 설정을 클릭하고 공구 경로 속성 설정을 클릭 한다.

② 공구 경로 속성 설정 창에서 공구별 경로의 선의 색상 및 두께를 설정하고 확인을 클릭한다.

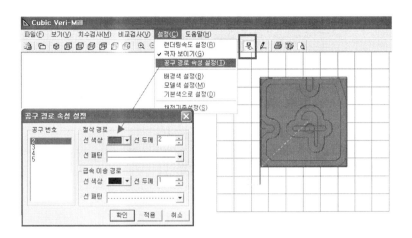

③ 검증창 상단 메뉴의 보기를 클릭하고 공구 경로를 클릭하면 공구의 종류별 공구의
이동경로를 확인 할 수 있다.

④ 인쇄 미리보기

검증창 상단 메뉴의 파일을 클릭하고 인쇄 미리보기를 클릭한다.

1.1.10 도면 생성 및 저장

① 상단 메뉴에서 검증을 선택하고 도면작성을 선택한다.

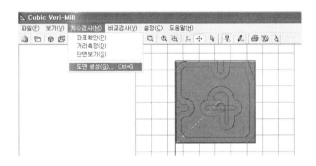

② 원점 위치 설정 창에서 측정원점을 선택하고 확인버튼을 클릭한다.

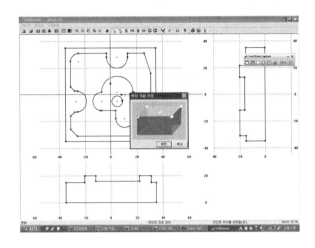

③ Y축 단면보기 아이콘을 클릭한 뒤 평면도에서 확인할 수평 단면선을 클릭 한다.

④ X축 단면보기 아이콘을 클릭한 뒤 평면도에서 확인할 수직 단면선을 클릭 한다.

⑤ 중심점 표시/숨김 아이콘을 클릭하여 원호 중심점을 추가한다.

⑥ 수직측정 아이콘을 클릭한 뒤 측정하고자 하는 곳의 수직 치수를 기입 한다.

⑦ 수평측정 아이콘을 클릭한 뒤 측정하고자 하는 곳의 수직치수를 기입 한다.

⑧ 원호 반경측정 아이콘을 클릭한 뒤 측정하고자 하는 곳의 원호 변경 치수를 기입한다.

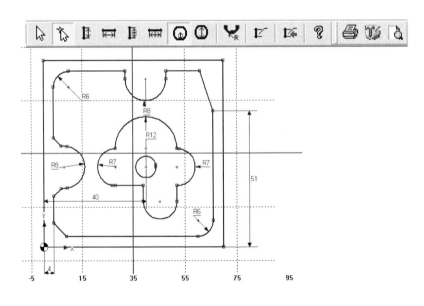

⑨ 원호 직경측정 아이콘을 클릭한 뒤 측정하고자 하는 곳의 원호 직경 치수를 기입한다.

⑩ Y축 마지막으로 상단의 파일 메뉴를 선택하고 현재화면 이미지 저장을 선택하여 도면을 저장한다.

1.2 V-CNC(머시닝센터)

1.2.1 V-CNC 머시닝센터 조작

(1) V-CNC를 실행하고 머시닝센터를 선택한다.

 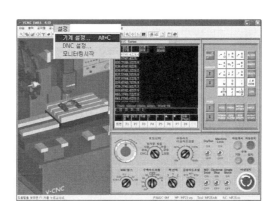

① 시뮬레이터를 실행시키고 메뉴의 설정의 기계설정 한다.

② 상단의 메뉴 중 설정을 클릭하고 하단 메뉴의 기계설정을 클릭한다.

③ 실행된 설정 마법사의 콘트롤러에서 사용할 콘트롤러를 선택하고 적용버튼 클릭한다.

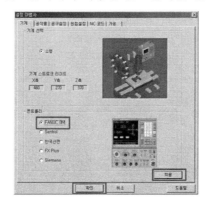

④ 공작물을 생성한다. 공작물을 생성하기 위해서는 공작물 탭을 선택한다.

 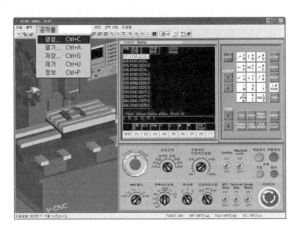

⑤ 공작물크기를 도면의 작업 조건표를 참조하여 가로 70[mm], 세로 70[mm], 높이 20[mm]로 입력 후 적용을 클릭한다.

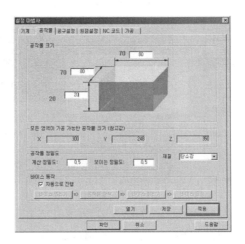

⑥ 공구를 설정하기 위해 상단 공구설정 탭을 클릭한다.

⑦ 공구설정창이 실행되면 공구 라이브러리에서 FEM을 선택하고 작업 조건표를 참조
하여 공구의 직경 등을 입력한다.

⑧ 수정버튼을 누른 후 선택한 공구를 마우스로 드래그하여 공구터렛에 이동시킨다.

⑨ 공구 보정값을 자동입력으로 선택한 뒤 공구보정설정을 클릭하고 적용을 클릭한다.

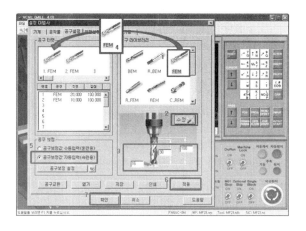

⑩ 공구의 원점을 설정한다. 상단의 원점설정을 선택한다.

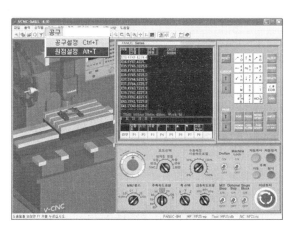

⑪ 원점설정 창이 실행되면 빠른 방식(숙련용)을 선택한 후 가공원점을 선택한다.

⑫ 이 상태에서 가공원점 알아내기를 클릭하면 핸들운전과정을 생략하고 공작물 가공원
점을 알 수 있다.

⑬ 다음으로 가공원점 입력하기를 선택한다. 그리고 확인버튼을 클릭한다.

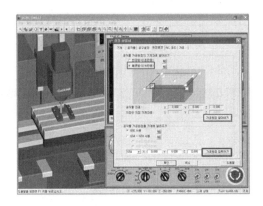

⑭ NC코드를 입력하고 화면과 같이 모드에서 편집을 선택한다.
⑮ CRT 화면을 마우스로 클릭한다.

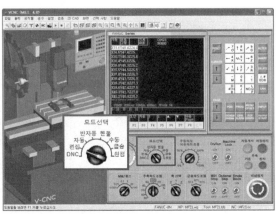

⑯ 화면에 NC코드를 입력한다. 이때 전 단계의 공작물의 원점 좌표를 공작물 좌표계
(G92)에 반드시 입력하여야 한다. 또는 공작물 원점 좌표계를 G54~G59에 입력하고
공작물 좌표계 선택(G54~G59)을 입력해야 한다.
⑰ NC코드와 의미는 아래의 NC코드 확인하기 버튼을 클릭하여 확인한다.
⑱ 모드 선택에서 자동을 선택한다.
⑲ 자동개시 버튼을 클릭 하면 가공이 시작된다.

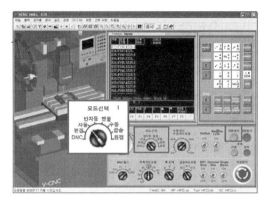

1.2.2 시뮬레이터 검증

① 검증을 위해 먼저 상단 메뉴의 검증을 선택하고 공작물 검사를 선택한다.

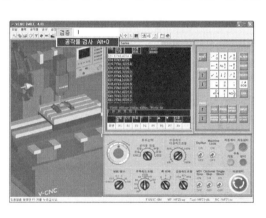

② 화면의 이동 버튼을 클릭하고 메뉴의 치수검사 를 선택 한 후 좌표확인을 클릭한다.

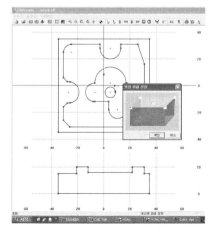
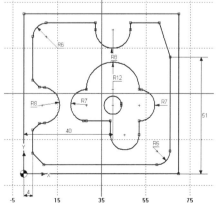

1.3 V-CNC

1.3.1 V-CNC(CNC선반) 조작

① V-CNC를 시행한다.

② 상단 메뉴의 설정을 클릭하고 하단 메뉴의 기계설정을 클릭한다.

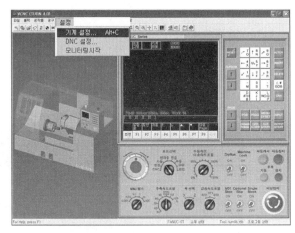

③ 실행된 설정 마법사 창의 콘트롤러에서 사용할 콘트롤러를 선택하고 적용버튼을 누른 뒤 확인 버튼을 클릭한다.

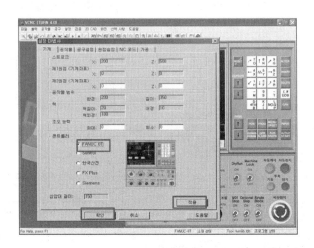

④ 공작물을 생성하기 위해서는 상단의 공작물을 클릭한다.

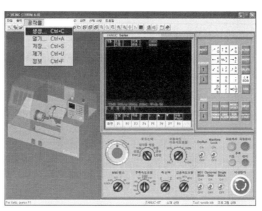

⑤ 공작물크기를 도면의 작업 조건표를 참고하여 직경100mm, 길이50mm로 입력 후 적용을 클릭한다.

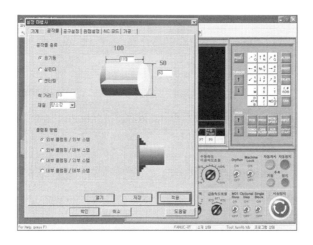

⑥ 절삭을 위한 공구를 설정한다. 공구를 설정하기 위해 상단 공구설정을 클릭한다.

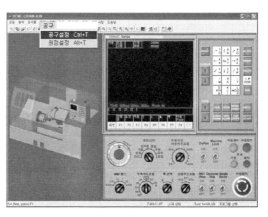

⑦ 공구설정창이 실행되면 공구 보정값 설정 항목에서 공구보정값 자동입력을 선택하고 공구 보정값 설정하기 버튼을 클릭하고 적용을 클릭한다.

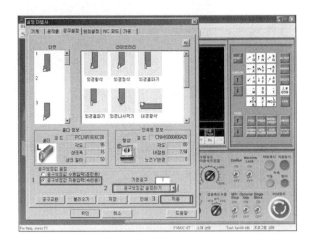

⑧ 다음은 공구의 원점을 설정하는 방법으로 상단의 원점설정을 클릭한다.

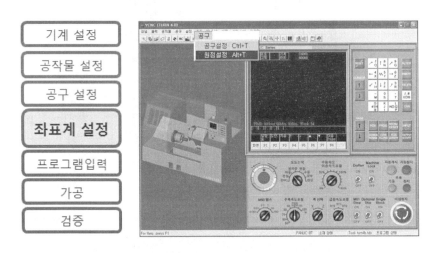

⑨ 설정 마법사 창이 실행되면 상단의 숙련용 빠른 방식 버튼을 선택하고 하단의 공작물 모형에서 중앙점을 선택한다.

⑩ 가공원점 알아내기 버튼을 클릭하여 기계 좌표값을 메모지에 적어둔다.(이후 NC코드를 입력할 때 원점의 좌표값이 된다.) 적용버튼과 확인버튼을 클릭한다.

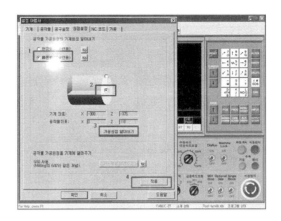

⑪ NC코드를 입력을 위해 다음 그림처럼 모드선택에서 편집을 선택한다. CRT 화면을
마우스로 클릭한다.

 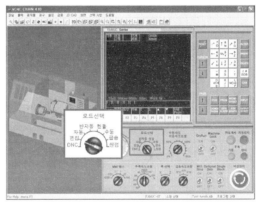

⑫ 화면에 NC코드를 입력한다. 이때 전 단계의 공작물의 원점 좌표를 공작물 좌표계
(G92)에 반드시 입력하야 한다. 또는 공작물 원점 좌표계를 G54~G59에 입력하고
공작물 좌표계 선택(G54~G59)을 입력해야 한다.

⑬ 자동을 선택한다. 그리고 자동개시 버튼을 클릭 하면 가공이 시작된다.

 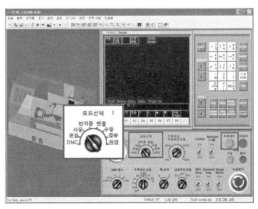

1.3.2 시뮬레이터 검증

① 시뮬레이터로 제작된 공작물의 검증을 위해 상단 메뉴의 검증을 클릭하고 공작물 검사를 클릭한다.

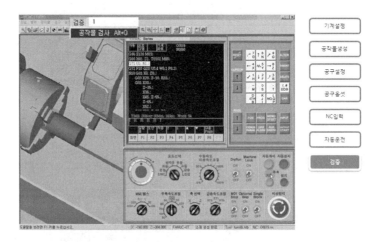

② 공작물 도면이 실행되고 측정 대화상자가 나타난다.
③ 먼저 수평방향측정을 선택하고 도면과 비교하면서 수평 부분과 수직부분 각 주요지점을 화면과 같이 측정한다.

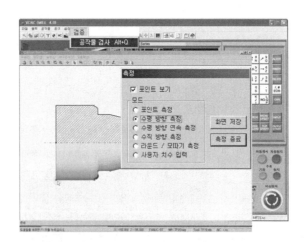

④ 공작물의 경로를 확인을 위해 상단의 모드 메뉴를 선택하고 공구 경로를 클릭하면 공구의 경로가 표시됩니다.
⑤ 상단의 설정 메뉴를 클릭하고 공구경로속성을 클릭하여 경로의 속성을 변경하고 확인을 눌러 경로를 확인한다.

⑥ 공구경로 확인 과저에서 각각의 공구에 색상이나 선의 굵기를 지정하여 확인 할수도 있다.

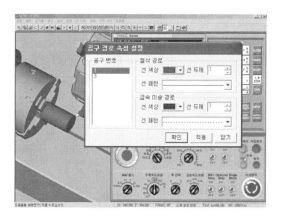

⑦ 좌표 및 치수 확인

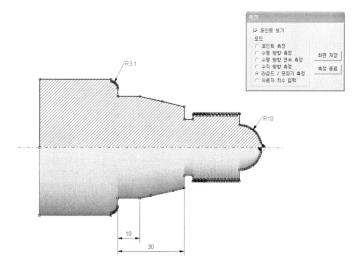

⑧ 공구경로 결과 화면

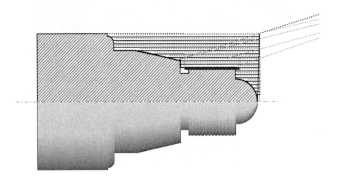

도 명	머시닝센터 – 01	척 도	NS

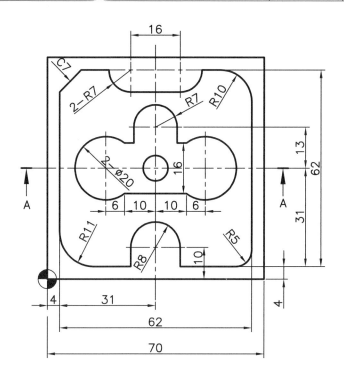

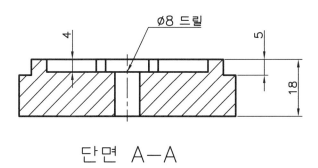

단면 A–A

공구 번호	공구	비 고
T01	∅80 Face Mill	
T02	∅3 Center drill	
T03	∅8 D	
T04	∅10 FEM	

도 명	머시닝센터 – 02	척 도	NS

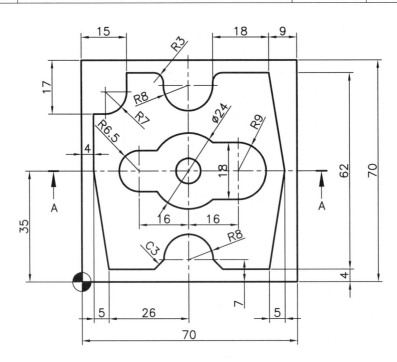

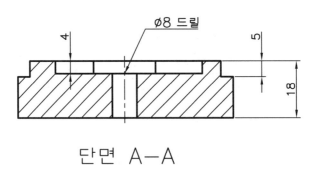

단면 A—A

공구 번호	공구	비 고
T01	∅80 Face Mill	
T02	∅3 Center drill	
T03	∅8 D	
T04	∅10 FEM	

도 명	머시닝센터 − 03		척 도	NS

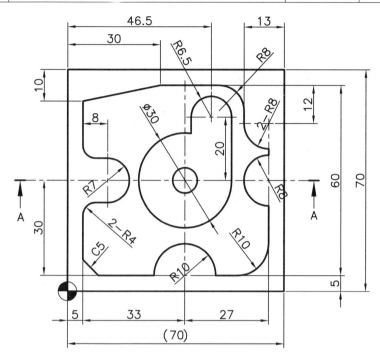

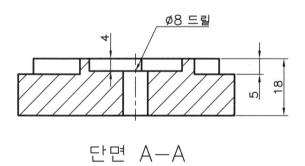

단면 A−A

공구 번호	공구	비 고
T01	∅80 Face Mill	
T02	∅3 Center drill	
T03	∅8 D	
T04	∅10 FEM	

도 명	머시닝센터 - 04	척 도	NS

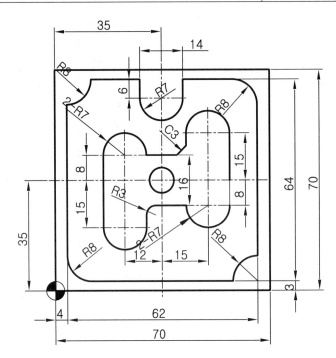

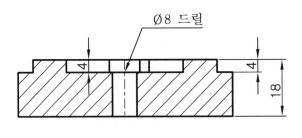

단면 A-A

공구 번호	공구	비 고
T01	∅80 Face Mill	
T02	∅3 Center drill	
T03	∅8 D	
T04	∅10 FEM	

도 명	머시닝센터 – 05	척 도	NS

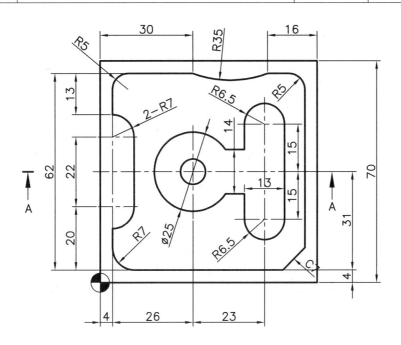

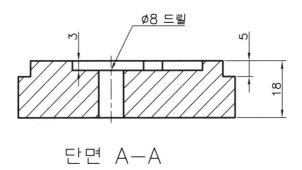

단면 A–A

공구 번호	공구	비 고
T01	∅80 Face Mill	
T02	∅3 Center drill	
T03	∅8 D	
T04	∅10 FEM	

도 명	머시닝센터 – 06	척 도	NS

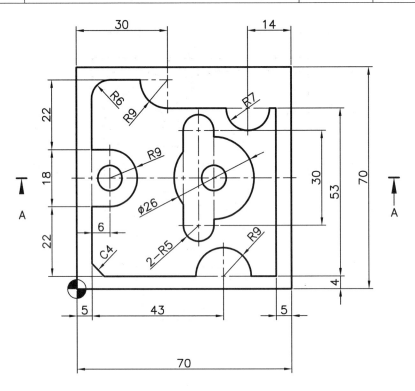

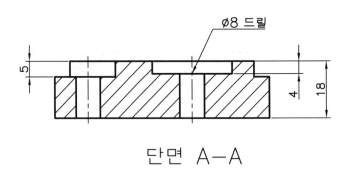

단면 A-A

공구 번호	공구	비 고
T01	∅80 Face Mill	
T02	∅3 Center drill	
T03	∅8 D	
T04	∅10 FEM	

도 명	머시닝센터 – 07	척 도	NS

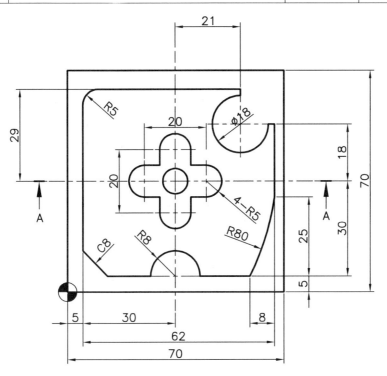

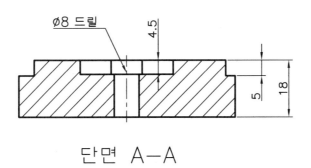

단면 A-A

공구 번호	공구	비 고
T01	∅80 Face Mill	
T02	∅3 Center drill	
T03	∅8 D	
T04	∅10 FEM	

도 명	머시닝센터 – 08	척 도	NS

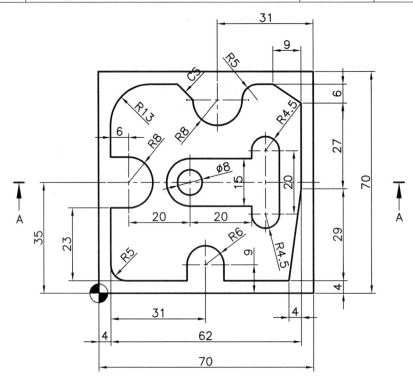

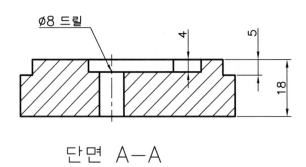

단면 A—A

공구 번호	공구	비 고
T01	∅80 Face Mill	
T02	∅3 Center drill	
T03	∅8 D	
T04	∅10 FEM	

도 명	머시닝센터 – 09	척 도	NS

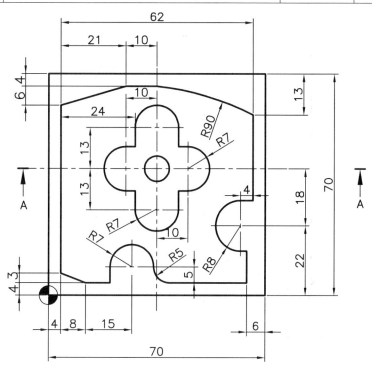

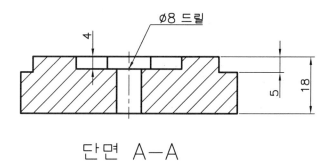

단면 A–A

공구 번호	공구	비 고
T01	∅80 Face Mill	
T02	∅3 Center drill	
T03	∅8 D	
T04	∅10 FEM	

도 명	머시닝센터 – 10	척 도	NS

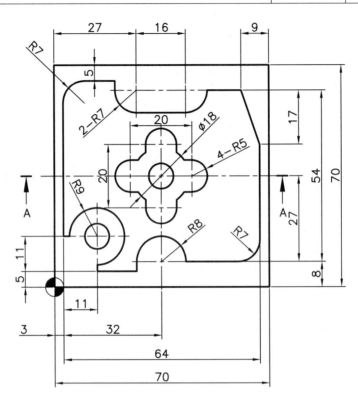

단면 A–A

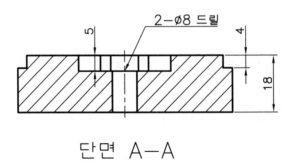

공구 번호	공구	비 고
T01	∅80 Face Mill	
T02	∅3 Center drill	
T03	∅8 D	
T04	∅10 FEM	

도 명	머시닝센터 - 11	척 도	NS

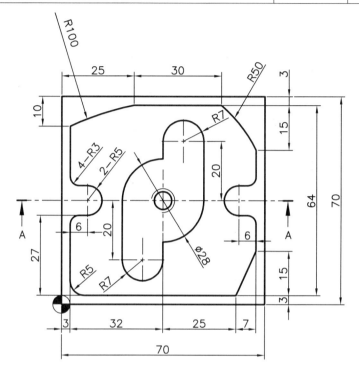

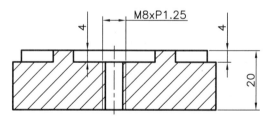

단면 A—A

공구 번호	공구	비 고
T02	∅3 Center drill	
T03	∅7 D	
T04	∅10 FEM	
T05	M8×1.25Tap	

도 명	머시닝센터 – 12	척 도	NS

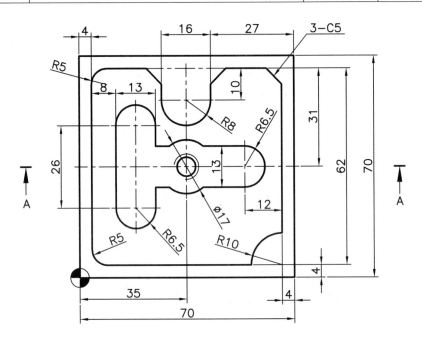

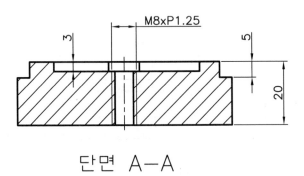

단면 A-A

공구 번호	공구	비 고
T02	∅3 Center drill	
T03	∅7 D	
T04	∅10 FEM	
T05	M8×1.25Tap	

도 명	머시닝센터 – 13	척 도	NS

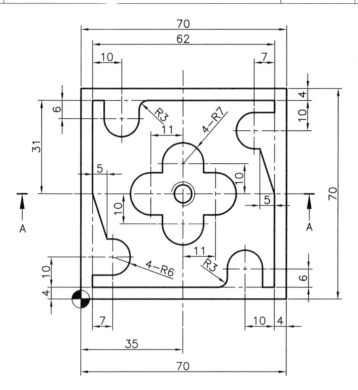

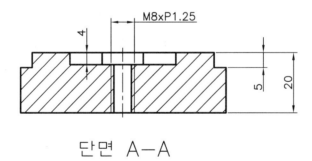

단면 A–A

공구 번호	공구	비 고
T02	∅3 Center drill	
T03	∅7 D	
T04	∅10 FEM	
T05	M8×1.25Tap	

도 명	머시닝센터 – 14	척 도	NS

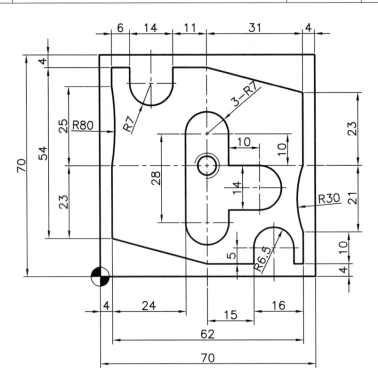

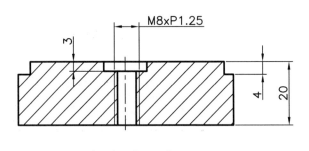

단면 A–A

공구 번호	공구	비 고
T02	∅3 Center drill	
T03	∅7 D	
T04	∅10 FEM	
T05	M8×1.25Tap	

도 명	머시닝센터 – 15	척 도	NS

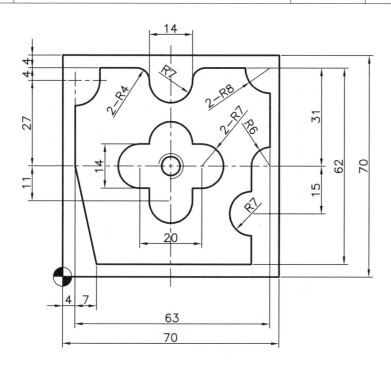

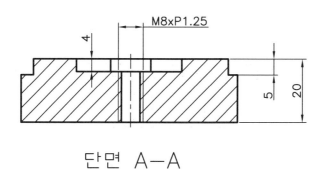

단면 A—A

공구 번호	공구	비 고
T02	∅3 Center drill	
T03	∅7 D	
T04	∅10 FEM	
T05	M8×1.25Tap	

도 명	머시닝센터 - 16	척 도	NS

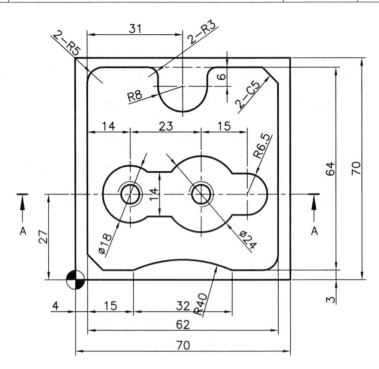

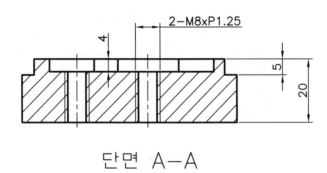

단면 A-A

공구 번호	공구	비 고
T02	∅3 Center drill	
T03	∅7 D	
T04	∅10 FEM	
T05	M8×1.25Tap	

도 명	머시닝센터 – 17	척 도	NS

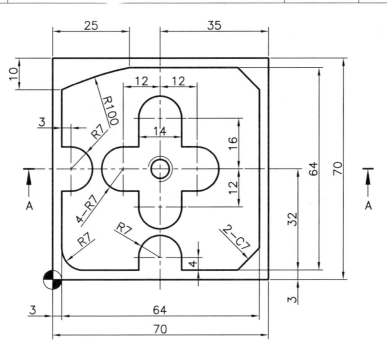

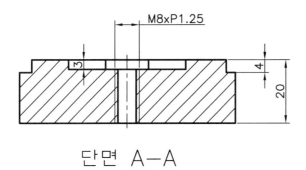

단면 A–A

공구 번호	공구	비 고
T02	∅3 Center drill	
T03	∅7 D	
T04	∅10 FEM	
T05	M8×1.25Tap	

도 명	머시닝센터 – 18	척 도	NS

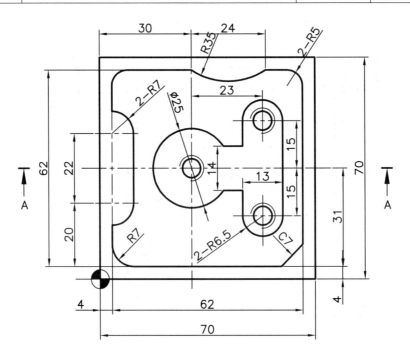

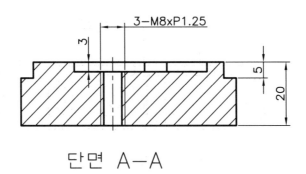

단면 A–A

공구 번호	공구	비 고
T02	∅3 Center drill	
T03	∅7 D	
T04	∅10 FEM	
T05	M8×1.25Tap	

도 명	머시닝센터 – 19	척 도	NS

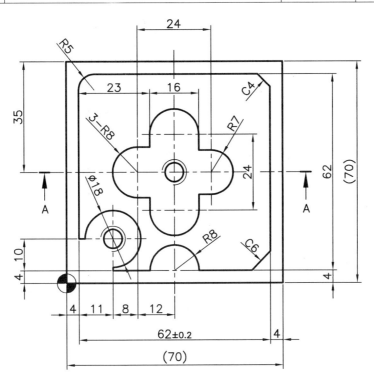

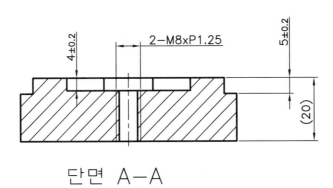

단면 A–A

공구 번호	공구	비 고
T02	Ø3 Center drill	
T03	Ø7 D	
T04	Ø10 FEM	
T05	M8×1.25Tap	

도 명	머시닝센터 - 20	척 도	NS

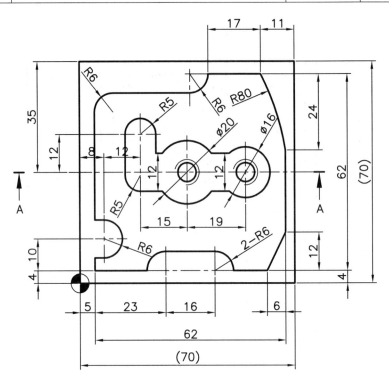

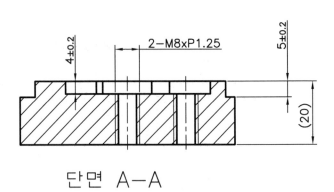

단면 A—A

공구 번호	공구	비 고
T02	Ø3 Center drill	
T03	Ø7 D	
T04	Ø10 FEM	
T05	M8×1.25Tap	

도 명	CNC선반 - 21	척 도	NS

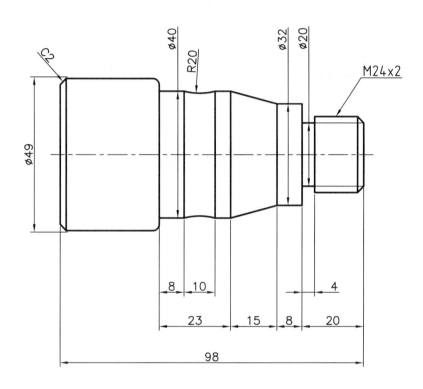

주 서

1. 도시되고 지시되지 않은 라운드 R2

2. 도시되고 지시없는 모따기 C2

공구 번호	공구	비 고
T01	황삭 바이트	
T03	정삭 바이트	
T05	홈 바이트	3mm
T07	나사 바이트	

도 명	CNC선반 − 22	척 도	NS

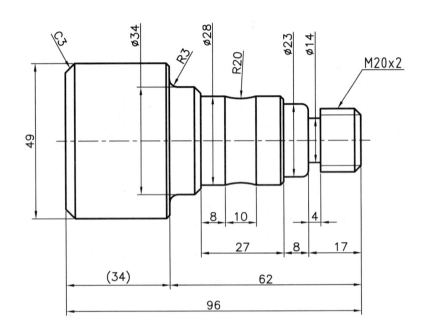

주 서

1. 도시되고 지시되지 않은 라운드 R2

2. 도시되고 지시없는 모따기 C2

공구 번호	공구	비 고
T01	황삭 바이트	
T03	정삭 바이트	
T05	홈 바이트	3mm
T07	나사 바이트	

도 명	CNC선반 - 23	척 도	NS

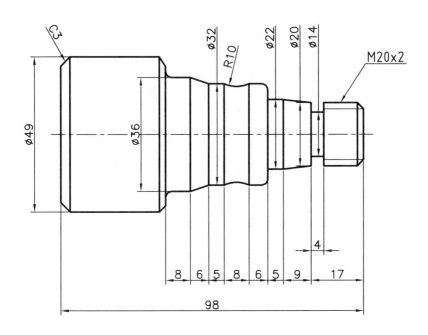

주 서

1. 도시되고 지시되지 않은 라운드 R2

2. 도시되고 지시없는 모따기 C2

공구 번호	공구	비 고
T01	황삭 바이트	
T03	정삭 바이트	
T05	홈 바이트	3mm
T07	나사 바이트	

도 명	CNC선반 – 24	척 도	NS

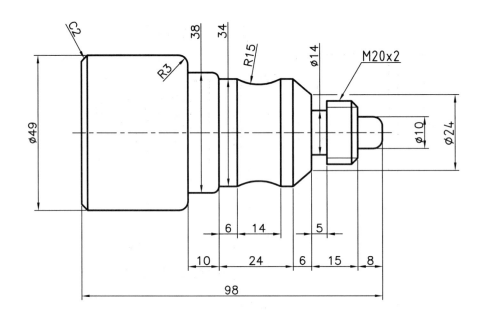

주서

1. 도시되고 지시되지 않은 라운드 R2

2. 도시되고 지시없는 모따기 C2

공구 번호	공구	비 고
T01	황삭 바이트	
T03	정삭 바이트	
T05	홈 바이트	3mm
T07	나사 바이트	

도 명	CNC선반 – 25	척 도	NS

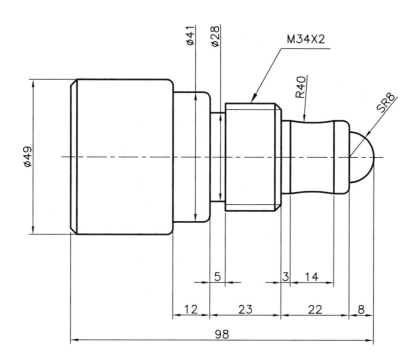

주 서

1. 도시되고 지시되지 않은 라운드 R2

2. 도시되고 지시없는 모따기 C2

공구 번호	공구	비 고
T01	황삭 바이트	
T03	정삭 바이트	
T05	홈 바이트	3mm
T07	나사 바이트	

도 명	CNC선반 – 26	척 도	NS

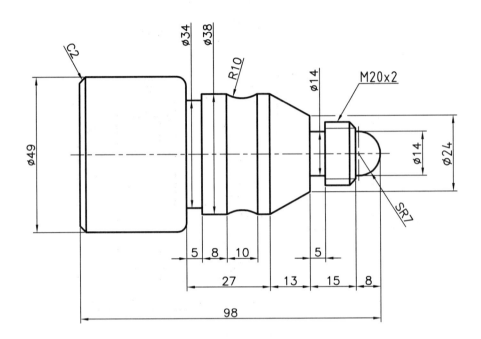

주 서

1. 도시되고 지시되지 않은 라운드 R2

2. 도시되고 지시없는 모따기 C2

공구 번호	공구	비 고
T01	황삭 바이트	
T03	정삭 바이트	
T05	홈 바이트	3mm
T07	나사 바이트	

도 명	CNC선반 - 27	척 도	NS

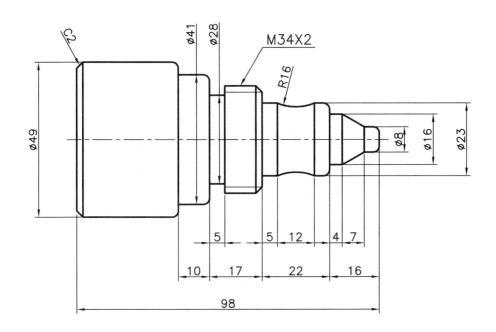

주 서

1. 도시되고 지시되지 않은 라운드 R2

2. 도시되고 지시없는 모따기 C2

공구 번호	공구	비 고
T01	황삭 바이트	
T03	정삭 바이트	
T05	홈 바이트	3mm
T07	나사 바이트	

도 명	CNC선반 − 28	척 도	NS

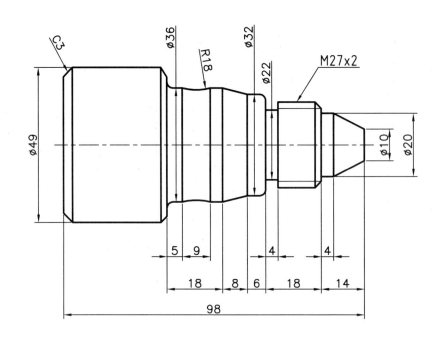

주 서

1. 도시되고 지시되지 않은 라운드 R2

2. 도시되고 지시없는 모따기 C2

공구 번호	공구	비 고
T01	황삭 바이트	
T03	정삭 바이트	
T05	홈 바이트	3mm
T07	나사 바이트	

도 명	CNC선반 - 29	척 도	NS

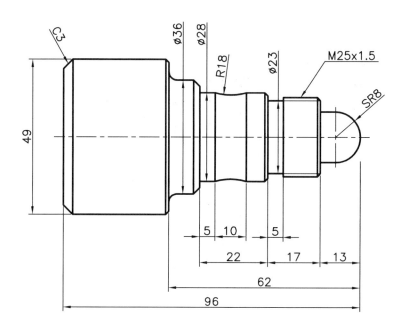

주 서

1. 도시되고 지시되지 않은 라운드 R2

2. 도시되고 지시없는 모따기 C2

공구 번호	공구	비 고
T01	황삭 바이트	
T03	정삭 바이트	
T05	홈 바이트	3mm
T07	나사 바이트	

도 명	CNC선반 - 30	척 도	NS

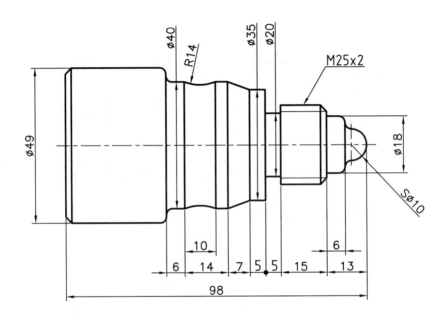

주 서

1. 도시되고 지시되지 않은 라운드 R2

2. 도시되고 지시없는 모따기 C2

공구 번호	공구	비 고
T01	황삭 바이트	
T03	정삭 바이트	
T05	홈 바이트	3mm
T07	나사 바이트	

CNC 가공법

인   쇄 / 2013년 8월 20일
발   행 / 2013년 8월 26일
저   자 / 조대희, 안영환, 남동호
펴 낸 이 / 정 창 희
펴 낸 곳 / 동일출판사
주   소 / 서울시 강서구 화곡8동 159-7 동일빌딩 2층
대표전화 / 2608-8250
팩   스 / 2608-8265
등록번호 / 제109-90-92166호
값 / **20,000원**
isbn 978-89-381-0864-7-93550

판 권
소 유

이 책의 어느 부분도 동일출판사 발행인의 승인문서 없이 사진 복사 및
정보 재생 시스템을 비롯한 다른 수단을 통해 복사 및 재생하여 이용할 수 없습니다.

이 도서의 국립중앙도서관 출판시도서목록(CIP)은 서지정보유통지원
시스템 홈페이지(http://seoji.nl.go.kr)와 국가자료공동목록시스템
(http://www.nl.go.kr/kolisnet)에서 이용하실 수 있습니다.(CIP제
어번호: CIP2013015443)